Poissons et mammifères marins de nos côtes

Ce livre a été imprimé par Pollina à Luçon (85)
ISBN : 978-2-84833-219-2
Éditeur : 160-1-05-04-09
N° d'impression : L49968
Création et mise en page : Bernadette Coléno

Sophie Rozen-Faou et André Rozen

Poissons, mammifères & marins de nos côtes

Éditions Le Télégramme

Morphologies générales

• des poissons cartilagineux

Raie

Requin

• des poissons osseux

Daurade

Limande

• des mammifères marins

cétacé

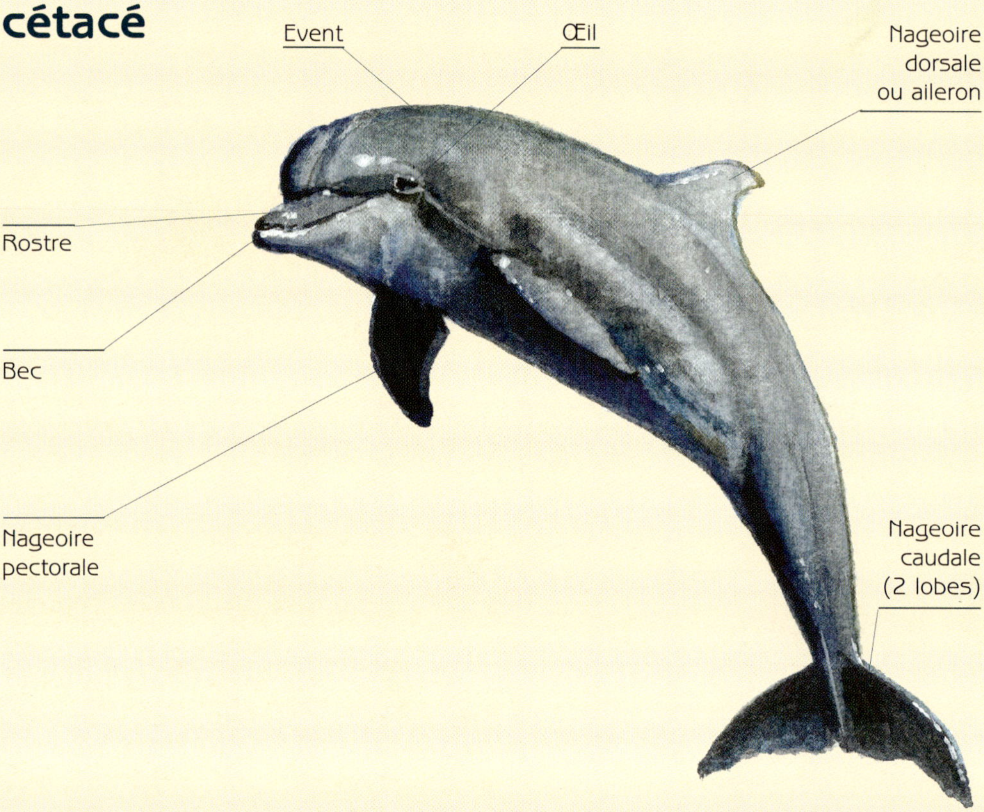

phoques

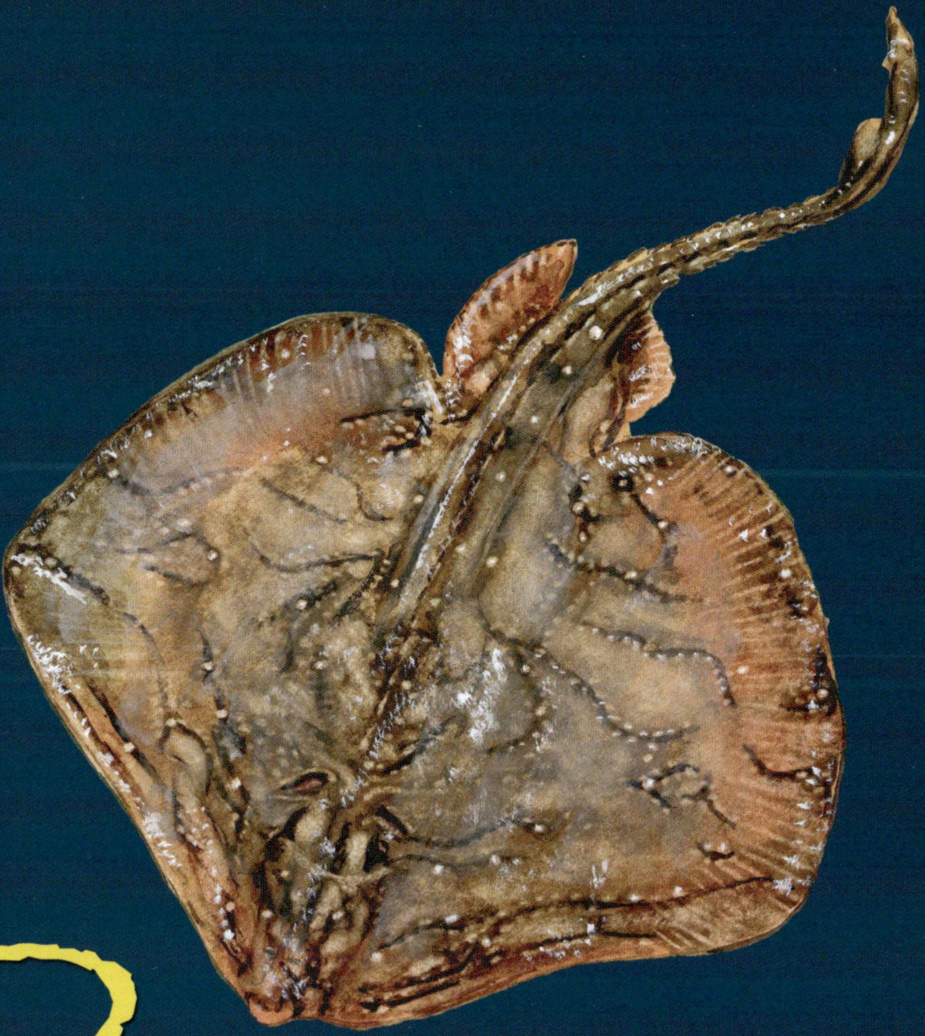

Poissons cartilagineux

Les requins

• Description

Le squelette des requins est cartilagineux. Leur corps est fuselé et long. La peau est dure et a l'aspect du papier de verre.

Les requins sont pourvus de plusieurs nageoires : des nageoires paires (pectorales, pelviennes) et des nageoires impaires (dorsale, caudale, anale). La face dorsale est souvent bleue ou grise avec des marbrures ou des taches. La face ventrale est claire. Les fentes branchiales, qui se situent de chaque côté du corps, sont au nombre de cinq ou sept selon l'espèce.

Le saviez-vous ?

La peau des femelles est plus épaisse et plus dure que celle des mâles, ce qui leur apporte une meilleure résistance lors de l'accouplement.

L'odorat des requins permet la détection d'une goutte de sang d'une proie parmi 100 litres d'eau, à plusieurs centaines de mètres de distance.

Les requins rapides ont de grandes fentes branchiales qui apportent une plus grande quantité d'oxygène aux branchies.

La peau des requins est utilisée en ébénisterie pour poncer les bois précieux et tendres.

• Particularités

Les requins ont des organes des sens bien développés.

L'odorat : les narines, situées sous le museau de l'animal, ne servent pas à la respiration mais à sentir les proies.

La vue : l'œil des requins possède une structure comparable à celle de l'homme. La vue est plus performante et excellente dans l'obscurité. Quelques grands requins possèdent une membrane à la base de chaque œil : la membrane ou paupière nictitante. Celle-ci protège l'œil pendant l'attaque des proies.

L'ouïe et le toucher : les requins n'entendent pas de sons mais ressentent des vibrations, des mouvements ou des variations de champs électromagnétiques produits par les proies, par l'intermédiaire de leur ligne latérale et par les ampoules de Lorenzini (petit points noirs sur le museau, autour des yeux et le long de la ligne latérale).

Le goût : il est peu développé chez les requins.

• Nutrition

La plupart des requins sont des carnivores, ils se nourrissent de poissons, de crustacés (crabes, crevettes), de céphalopodes (calmars, poulpes), de méduses, de mollusques (bivalves, gastéropodes) et d'oursins. Les grands prédateurs chassent les oiseaux de mer, les tortues ou les mammifères marins. Cas particulier : le requin-pèlerin se nourrit de zooplancton (petits crustacés essentiellement).

Les requins

Les requins sont souvent caractérisés par leur mâchoire impressionnante. Les dents sont alignées sur une rangée, celle-ci avançant au cours du temps pour remplacer les dents cassées. Un requin peut avoir au maximum sept rangées de dents.
La forme des dents varie selon la taille du requin. Les petits requins ont de longues dents pointues, les grands requins des dents triangulaires avec le bord coupant comme le rasoir, et le requin-pèlerin de petites dents en forme de crochets.

• Reproduction / Développement

Il existe une variation de morphologie chez le mâle et la femelle. Ainsi, les mâles ont leurs nageoires pelviennes modifiées : elles sont plus longues et plus dures et permettent la copulation. Ces nageoires modifiées sont appelée ptérygopodes.
La fécondation chez les requins est interne et permet le développement d'une dizaine de petits au maximum.
Il existe deux grands modes de reproduction. Le premier est la viviparité : les petits se développent dans le ventre de la femelle. Et le second est l'oviparité : les embryons sont contenus dans des œufs qui sont expulsés par la femelle, leur développement se déroule ensuite hors du corps de leur mère.
La plupart des espèces de requins sont vivipares.

• Habitat

Les requins ont des habitats variés. Ils vivent près des côtes, à l'embouchure des estuaires ou au large. On les observe entre quelques mètres de profondeur jusqu'à 2 000 m en Atlantique, dans la Manche et en mer du Nord. Quelques espèces chassent leurs proies sur le fond et passent la plupart de leur temps sur le sable, la vase ou le gravier.

• Technique de pêche

La pêche des requins s'effectue essentiellement à la ligne, au filet, au chalut et parfois au harpon.

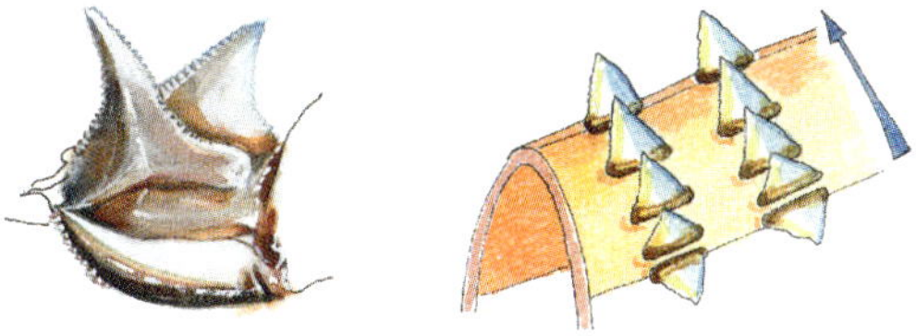

Renouvellement des dents

Dents triangulaires des grands requins (requin blanc)

Dents pointues des petits requins (requin mako et requin-taureau)

Le saviez-vous ?

Un grand requin peut avoir eu au cours de sa vie plus de 25 000 dents.

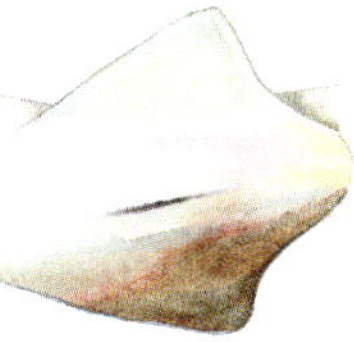

Organe reproducteur femelle

Organe reproducteur mâle (ptérygopodes)

Capsule pondue par une roussette (oviparité)

Grande roussette

Scyliorhinus stellaris

Longueur moyenne : 1 m

Particularités : une nageoire anale et deux nageoires dorsales (première nageoire dorsale plus développée). Museau arrondi. Bouche large. Cinq fentes branchiales. Peau brune avec des taches noires.

Petite roussette

Scyliorhinus canicula

Longueur normale : 60 cm
Particularités : une nageoire anale et deux nageoires dorsales (première nageoire dorsale plus développée). Museau arrondi. Bouche large. Cinq fentes branchiales. Peau brun clair avec des taches noires.

Émissole tachetée

Mustelus asterias

Longueur moyenne : 1,20 m
Particularités : une nageoire anale et deux nageoires dorsales (première nageoire dorsale plus développée). Museau conique. Bouche large. Cinq fentes branchiales. Peau gris-bleu avec des taches blanches.

Requin hâ

Galeorhinus galeus

Longueur moyenne : 1,20 m
Particularités : une nageoire anale, deux nageoires dorsales (première nageoire dorsale plus développée). Museau conique. Bouche large. Cinq fentes branchiales. Peau gris-bleu.

Requin bleu ou Peau-bleue

Prionace glauca

Longueur moyenne : 2 m
Particularités : une nageoire anale et deux nageoires dorsales (première nageoire dorsale plus développée). Museau pointu. Bouche large. Cinq fentes branchiales. Peau bleue.

Le saviez-vous ?

Durant la journée, le requin reste dans le fond, il remonte en surface lorsque la nuit tombe. On a pu l'observer à moins de 5 m de profondeur durant la nuit.

Requin griset

Hexanchus griseus

Longueur moyenne : 3,90 m

Particularités : museau court. Six fentes branchiales. Une nageoire anale, deux nageoires pelviennes et une nageoire dorsale. Dos gris foncé ou brun foncé. Ventre gris clair.

Ordre des **Hexanchiformes**

Requin-renard

Alopias vulpinus

Longueur moyenne : 5 m

Particularités : museau pointu. Grande paire de nageoires pectorales, deux nageoires dorsales (première plus grande) et une nageoire anale. Lobe supérieur de la nageoire caudale très développé. Cinq larges fentes branchiales. Corps bleu-gris sur le dos et gris pâle sur le ventre.

Ordre des **Lamniformes**

Le saviez-vous ?

Les requins-pèlerins sont chassés pour l'huile contenue dans leur foie. Un foie contient en moyenne 1 000 litres d'huile. Celle-ci sert en cosmétique et en pharmacologie.

Vue du requin-pèlerin depuis la surface

Requin-pèlerin

Cetorhinus maximus

Longueur moyenne : 6,50 m

Particularités : museau conique. Grande paire de nageoires pectorales, deux nageoires dorsales (première plus grande) et une nageoire anale. Cinq larges fentes branchiales. Large bouche servant à la filtration du plancton. Corps bleu-gris ou marron.

Requin taupe commun

Lamna nasus

Longueur moyenne : 2,20 m

Particularités : museau pointu. Grande paire de nageoires pectorales, deux nageoires dorsales (première plus grande) et une nageoire anale. Cinq larges fentes branchiales. Corps bleu-gris sur le dos et gris pâle sur le ventre.

Ange de mer commun

Squatina squatina

Longueur moyenne : 1,60 m

Particularités : corps large et aplati. Nageoires pelviennes et pectorales très développées. Extrémités de celles-ci porteuses d'épines. Présence près des narines de petits barbillons blanchâtres. Cinq fentes branchiales. Dos allant du vert au brun, avec des taches plus sombres. Ventre blanc ou crème.

Ordre des **Squatiniformes**

Aiguillat tacheté

Squalus acanthias

Longueur moyenne : 1 m

Particularités : tête aplatie, museau effilé. Présence d'une épine à la base des nageoires dorsales. Absence de nageoire anale. Cinq fentes branchiales. Dos gris bleuté et brun avec des taches blanches. Ventre blanc ou gris clair.

Le saviez-vous ?

Les taches blanches sur le dos de l'aiguillat s'estompent avec l'âge.

Ordre des **Squaliformes**

Les raies

Détail de la face dorsale de la raie brunette

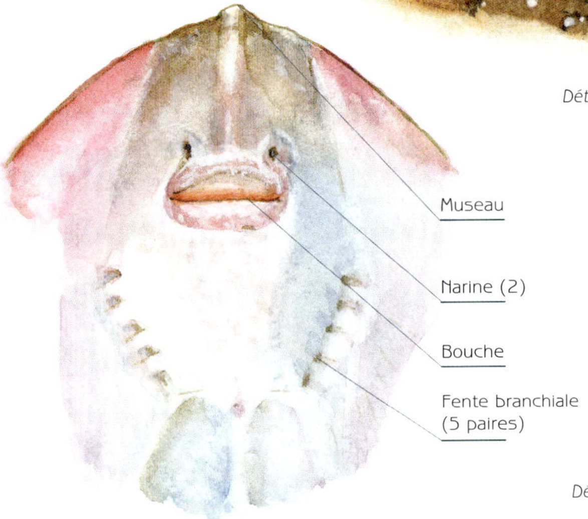

Face ventrale de la raie lisse

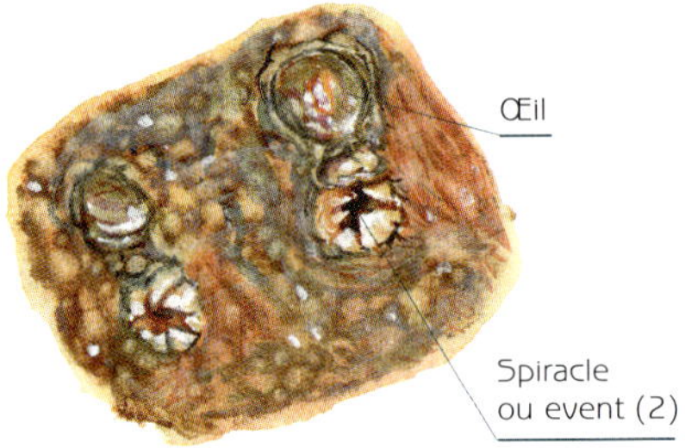

Détail de la face dorsale de la raie torpille

• Description

Les raies ont un squelette cartilagineux, un corps aplati et large. La face dorsale est colorée, elle porte les yeux et les spiracles (évents). La face ventrale est blanche, elle porte les cinq paires de fentes branchiales, les narines et la bouche. Les deux nageoires pectorales (ailes) sont très développées. La queue est fine, elle porte deux nageoires dorsales et parfois une nageoire caudale.

• Nutrition

Carnivores, les raies se nourrissent d'animaux marins. Leur régime alimentaire se compose de crustacés (crabes, crevettes), de mollusques (coques, palourdes), de vers, de céphalopodes (calmars) et de poissons (soles, lançons, gobies, dorades, chinchards).

Le saviez-vous ?

La dentition des raies varie selon le sexe de l'individu : les femelles ont le plus souvent des dents en « pavé » et les mâles des dents pointues.

Les raies

• Reproduction / Développement

Chez l'ensemble des espèces de raies, la fécondation est interne, par l'intermédiaire des ptérygopodes du mâle.

La reproduction varie en fonction des familles. Il y a ovoviviparité chez les raies pastenagues (les œufs incubent et éclosent dans le ventre de la femelle), viviparité chez les raies torpilles (les embryons se développent dans le ventre de la femelle, il n'y a pas de stade « capsule ») et oviparité chez les raies « vraies » (Rajidés) (les embryons finissent leur développement dans une capsule pondue par la femelle).

Les individus de la famille des raies « vraies » pondent des capsules durant l'été. Une femelle peut pondre plusieurs dizaines de capsules par an. Une capsule mesure entre 7 et 24 cm de long. Elle est rectangulaire, chaque coin se termine par une corne plus ou moins longue. La couleur varie du transparent au brun foncé. L'aspect général ressemble aux algues brunes qui peuplent les côtes.

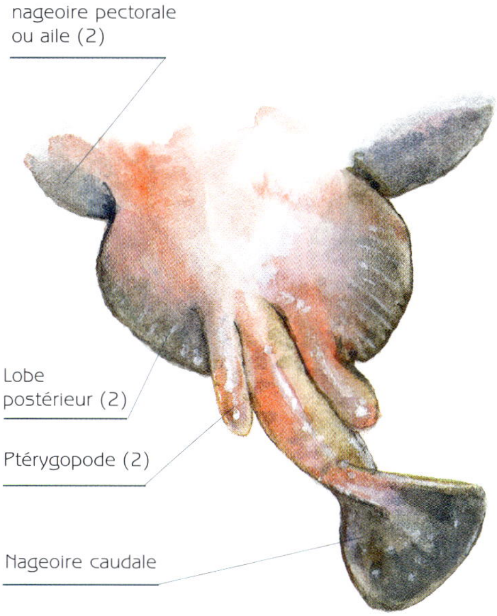

Détail de la face ventrale de la raie torpille

• Habitat

Les raies vivent principalement sur des fonds meubles comme le sable, la vase, le gravier ou le sable coquillier. On trouve quelques individus évoluant parmi les roches ou les algues. Elles vivent près des côtes de la Manche, de la mer du Nord et de l'Atlantique, entre quelques mètres à plusieurs centaines de mètres de profondeur.

Il est difficile d'observer les raies durant la journée, car elles sont ensablées. Seuls les yeux et les spiracles sont visibles.

• Technique de pêche

Seule la famille des raies « vraies » ont une valeur commerciale. Elles sont pêchées au chalut, à la palangre et au filet droit.

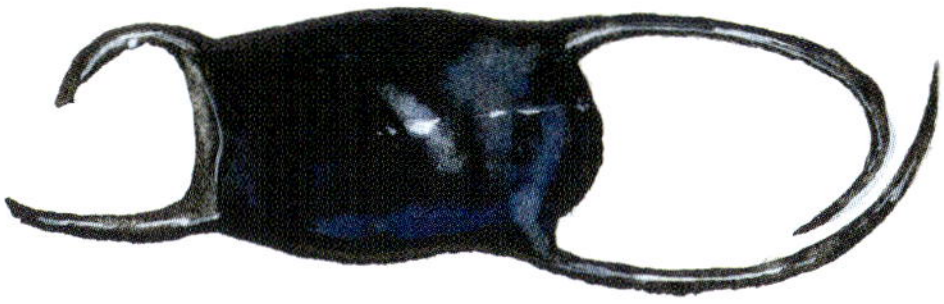

Capsule de la raie brunette

Capsule d'une raie fleurie

Raie bouclée

Raja clavata

Longueur moyenne : 85 cm
Particularités : museau court et arrondi. Queue parfois pourvue d'épines. Face dorsale brune ou grise, parsemée de taches ocre entourées de noir. Face ventrale crème avec une bordure grise.

Raie brunette ou mosaïque

Raja undulata

Longueur moyenne : 90 cm
Particularités : museau court. Queue longue. Face dorsale brun clair, traversée par de larges bandes noires entourées de points blancs. Face ventrale blanche et lisse. Trois rangées d'épines sur la queue. Extrémité de la queue grise.

Les raies

Le saviez-vous ?

À la base des nageoires pectorales de la raie douce, on note parfois la présence de deux anneaux blancs entourés de noir.

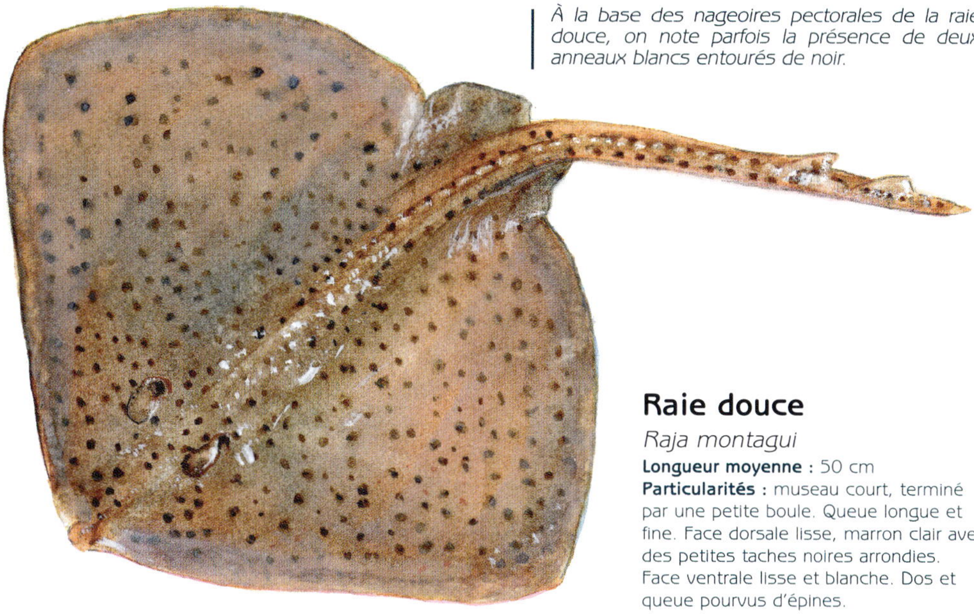

Raie douce

Raja montagui

Longueur moyenne : 50 cm

Particularités : museau court, terminé par une petite boule. Queue longue et fine. Face dorsale lisse, marron clair avec des petites taches noires arrondies. Face ventrale lisse et blanche. Dos et queue pourvus d'épines.

Raie lisse

Raja brachyura

Longueur moyenne : 1,10 m

Particularités : face dorsale ocre et rosée avec des taches noires. Face ventrale blanche. Rangée d'épines sur la queue et sur le dos chez les femelles et les jeunes.

Raie mêlée

Raja microocellata
Longueur moyenne : 80 cm
Particularités : face dorsale brun olive avec des taches blanches. Face ventrale blanche. Rangée d'épines sur le dos et une partie de la queue.

Raie radiée épineuse

Raja radiata
Longueur moyenne : 1 m
Particularités : face dorsale brun-rouge avec parfois des petites taches foncées. Face ventrale blanche. Rangée de grandes épines sur le dos et une sur la queue. Deux ou trois épines sur les côtés. Une épine devant et derrière les yeux.

Le saviez-vous ?

Le régime alimentaire de la raie fleurie varie en fonction de l'âge. Ainsi, les adultes mangent essentiellement des poissons et les jeunes des crustacés.

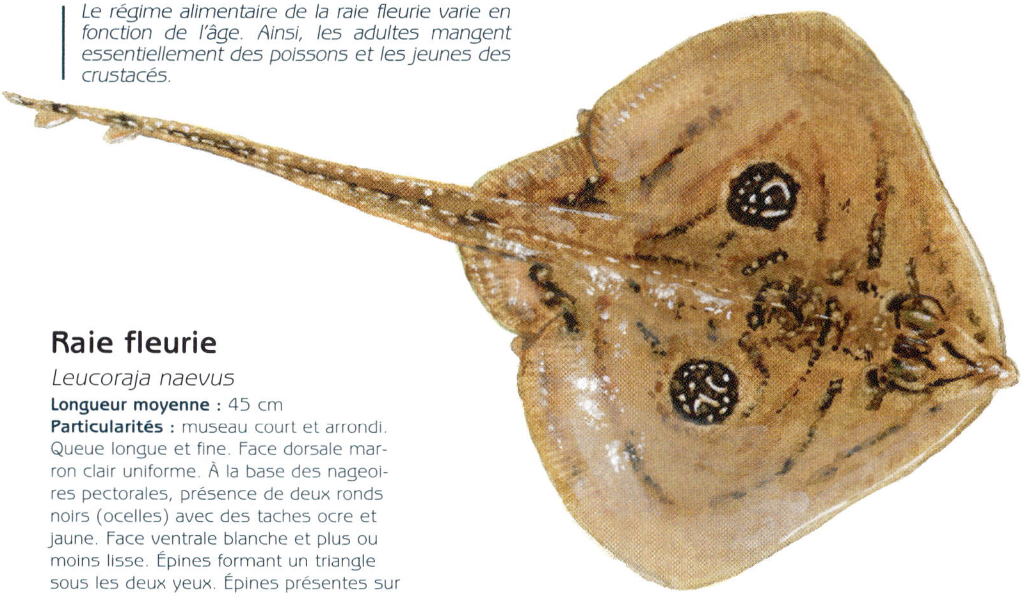

Raie fleurie

Leucoraja naevus

Longueur moyenne : 45 cm

Particularités : museau court et arrondi. Queue longue et fine. Face dorsale marron clair uniforme. À la base des nageoires pectorales, présence de deux ronds noirs (ocelles) avec des taches ocre et jaune. Face ventrale blanche et plus ou moins lisse. Épines formant un triangle sous les deux yeux. Épines présentes sur deux lignes de chaque côté de la queue.

Raie ronde

Leucoraja circularis

Longueur moyenne : 50 cm

Particularités : Face dorsale brun-rouge ou brun foncé. Face ventrale blanche. Rangées d'épines sur la queue. Quelques épines sur les côtés.

Pocheteau gris

Dipturus batis

Longueur moyenne : 1 m
Particularités : face dorsale brune ou grise. Face ventrale grise. Rangée d'épines sur le dos et la queue.

Pocheteau noir

Dipturus oxyrinchus

Longueur moyenne : 1,30 m
Particularités : face dorsale noire ou brune avec des taches bleues. Face ventrale grise. Rangée d'épines sur la queue.

Aigle de mer

Myliobatis aquila

Longueur moyenne : 90 cm
Particularités : face dorsale brune ou noire. Face ventrale blanche. Extrémité de la queue très fine. Nageoires pectorale développée formant des ailes.

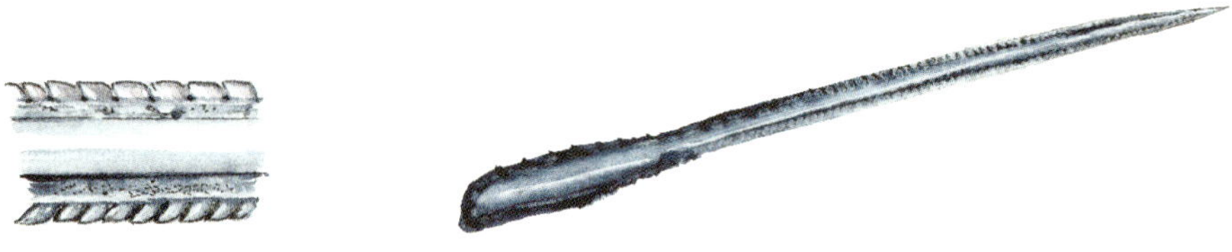

Détail du dard de la raie pastenague

Raie pastenague

Dasyatis pastinaca

Longueur moyenne : 1 m

Particularités : corps arrondi. Face dorsale gris-bleu ou brune. Face ventrale blanche. Présence d'un dard au milieu de la queue.

Le saviez-vous ?

Une blessure avec le dard d'une raie pastenague peut amener une paralysie partielle et momentanée du membre touché.

Raie torpille marbrée

Torpedo marmorata

Longueur moyenne : 80 cm

Particularités : corps arrondi, absence de museau, queue courte et épaisse. Nageoire caudale large. Nageoires dorsales fines et de taille égale. Lobes postérieurs larges et aplatis. Face dorsale lisse, brune avec des marbrures plus claires. Face ventrale plus ou moins lisse et de couleur crème. Spiracles à contours morcelés.

Le saviez-vous ?

La raie torpille marbrée possède en avant de son corps deux organes qui produisent des décharges électriques (entre 40 et 100 volts). Celles-ci permettent de paralyser ou de tuer les proies dans un rayon de 5 cm.

La chimère

Chimère

Chimaera monstrosa

Longueur moyenne : 80 cm

• Description

La chimère présente une grosse tête avec un museau retroussé et large. Le corps se termine par un petit filament. Le squelette est cartilagineux comme celui des requins et des raies. La peau est dépourvue d'écailles. La ligne latérale est bien visible. En avant de la nageoire dorsale, on observe une épine qui est venimeuse. Les nageoires pectorales sont bien développées. Les yeux sont gros. Le dos et les côtés sont bruns, verts ou gris avec des marbrures plus sombres. Le ventre est blanchâtre.

• Nutrition

La chimère se nourrit d'animaux enfouis dans le sable ou la vase comme des petits crustacés (amphipodes, isopodes, crabes), des mollusques (gastéropodes, bivalves), des vers, des ophiures et parfois des petits poissons.

• Reproduction / Développement

La fécondation est interne. La femelle pond des petites capsules au printemps et en été. Ces capsules se fixent dans leur environnement grâce à des petits filaments.

• Habitat

La chimère vit entre 50 et 1 000 m de profondeur près des côtes de l'Atlantique, de la mer du Nord et de la Manche. Elle vit au-dessus du sable fin et de la vase.

• Technique de pêche

La chimère se pêche accidentellement au chalut.

Le saviez-vous ?

Les mâles possèdent sur la tête un appendice frontal servant à agripper la femelle lors de l'accouplement.

Poissons osseux

Les dorades

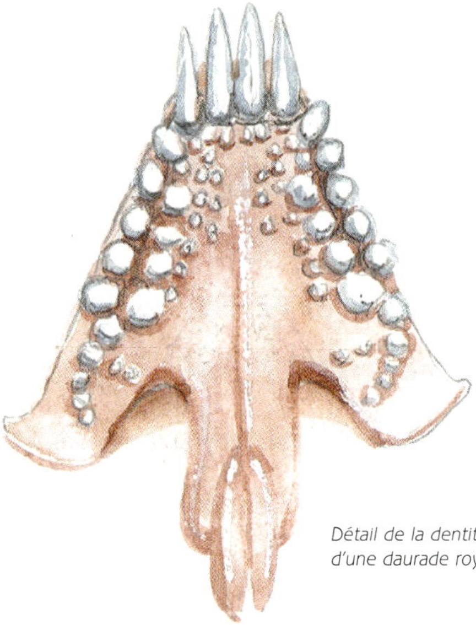

Détail de la dentition d'une daurade royale

• Description
Les poissons de cette famille ont un corps ovale muni d'écailles, comprimé latéralement. Ils possèdent une nageoire dorsale dont les premiers rayons sont cartilagineux. La nageoire anale est bien développée. La tête est munie de grosses lèvres et les yeux sont assez gros. La mâchoire est composée de dents de formes bien différentes. Les molaires sont rondes (sauf chez le griset), ce qui leur permet d'écraser les carapaces des crustacés et les coquilles des mollusques. La couleur du corps varie en fonction de l'espèce mais reste très souvent argentée, et la ligne latérale est bien visible jusqu'à la nageoire caudale.

• Nutrition
Ces poissons se nourrissent de crustacés (crabes, crevettes), de mollusques (moules, huîtres), d'échinodermes (oursins) et parfois de petits poissons, d'œufs de poissons et de plancton.

• Reproduction / Développement
La fécondation est externe. Toutes ces espèces sont hermaphrodites, elles changent de sexe au cours de leur vie. Il existe deux sortes d'évolution. Dans la protogynie, d'abord femelles, les individus deviennent mâle vers 3 ou 4 ans (pageot commun, pagre commun et griset). Dans la protandrie, d'abord mâles, les individus deviennent femelle vers 3 ou 4 ans (sar, pageot rose, dorade marbrée et daurade royale).

• Habitat
Ces poissons vivent près des côtes atlantiques et de celles de la mer du Nord et de la Manche. Ils privilégient les milieux rocheux, les herbiers ou les fonds meubles comme le sable, la vase ou le gravier.

• Technique de pêche
Les sparidés se pêchent à la ligne, à la palangre, au filet ou au chalut.

Le saviez-vous ?

D'après la législation de la D.G.C.C.R.F. (Direction générale de la concurrence, de la consommation et de la répression des fraudes), seule la daurade royale peut s'écrire « daurade », les autres poissons de cette famille devant s'écrire « dorade » chez le poissonnier.

Pageot rose ou dorade rose

Pagellus bogaraveo

Longueur moyenne : 37 cm

Particularités : tache noire derrière l'opercule.

Pageot commun

Pagellus erythrinus

Longueur moyenne : 37 cm

Particularités : bord de l'opercule orange vif.

Les dorades

Détail de l'anneau jaune
sur la tête de la daurade royale

Daurade royale

Sparus aurata

Longueur moyenne : 35 cm
Particularités : bande jaune reliant les deux yeux sur le dessus de la tête. Tache noire sur le bord de l'opercule.

Dorade marbrée

Lithognathus mormyrus

Longueur moyenne : 25 cm
Particularités : corps plus fin, bandes fines verticales noires.

Pagre commun
Pagrus pagrus
Longueur moyenne : 30 cm
Particularités : reflets roses, pas de bande de couleur sur la tête.

Sar commun
Diplodus sargus sargus
Longueur moyenne : 23 cm
Particularités : tache noire sur la tête, bandes verticales sombres sur le corps. Présence d'une grande tache noire avant la nageoire caudale.

Les dorades

Griset

Spondyliosoma cantharus

Longueur moyenne : 27 cm

Particularités : bord de la nageoire caudale noire.

Bogue

Boops boops

Longueur moyenne : 15 cm

Particularités : corps allongé. Tache noire à la base de la nageoire pectorale

Les thons

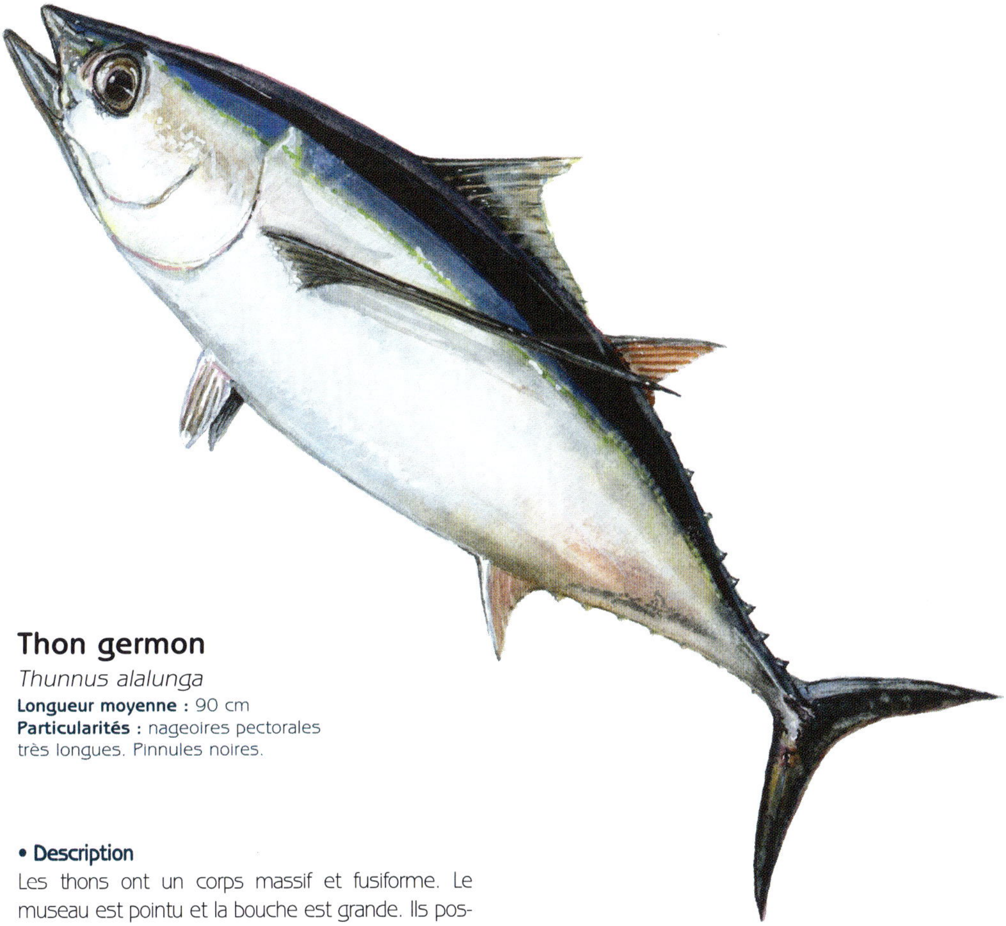

Thon germon

Thunnus alalunga
Longueur moyenne : 90 cm
Particularités : nageoires pectorales très longues. Pinnules noires.

• Description
Les thons ont un corps massif et fusiforme. Le museau est pointu et la bouche est grande. Ils possèdent deux nageoires dorsales bien espacées. Les deux nageoires pelvienne et anale sont quasi alignées sous les dorsales. Derrière la nageoire anale et les dorsales, on note la présence de pinnules (petites nageoires pointues). La nageoire caudale est très découpée et rigide. Le dos est bleu foncé, les côtés sont argentés et le ventre est blanc.

• Nutrition
Les thons se nourrissent de zooplancton (crustacés), de poissons (anchois, sardines, harengs, maquereaux) et de calmars.

• Reproduction / Développement
La fécondation, qui se produit au printemps et en été, est externe : les mâles et les femelles se regroupent en grand nombre et lâchent leurs ovules et leurs spermatozoïdes dans l'eau. Une femelle produit plus d'une dizaine de millions d'ovules.

• Habitat
Les thons vivent le plus souvent en haute mer, vers 200 m de profondeur. On les observe au large des côtes atlantiques, de la mer du Nord et de la Manche.

• Technique de pêche
Ces espèces se pêchent à la ligne ou au filet. Le thon rouge est élevé dans des cages au large du Japon, de l'Australie et des États-Unis. Sa chair est très prisée pour la confection des sushis, un gros thon (250 kg) pouvant se négocier jusqu'à 200 000 euros.

Thon rouge de l'Atlantique

Thunnus thynnus

Longueur moyenne : 1,75 m

Particularités : nageoires pectorales courtes. Pinnules anales jaunes.

Le saviez-vous ?

Les thons ont un sang chaud. Celui-ci est réchauffé lorsqu'il passe dans les muscles rouges situés au centre du corps. Le sang situé au centre est à 30 °C environ et à 20 °C à la périphérie. Ce réchauffement permet aux thons d'augmenter rapidement leur vitesse de nage (jusqu'à 70 km/h).

Les maquereaux

Maquereau commun

Scomber scombrus

Longueur moyenne : 35 cm

Particularités : dos bleu-vert irisé, avec des zébrures noires. Ventre blanc irisé. Pas de vessie natatoire.

Maquereau espagnol

Scomber japonicus

Longueur moyenne : 27 cm

Particularités : taches noires sur les côtés et zébrures moins prononcées. Gros yeux. Présence d'une vessie natatoire.

• Description

Le corps des maquereaux est allongé et fusiforme. Il possède deux nageoires dorsales bien séparées. Les nageoires pelviennes et anales sont parfaitement alignées sous les nageoires dorsales. On observe des pinnules derrière la seconde nageoire dorsale et la nageoire anale. Le museau est pointu et la bouche est grande. Le dos est bleu argenté avec des zébrures noires. Les côtés sont argentés et le ventre est blanc.

• Nutrition

Les maquereaux se nourrissent de larves de crustacés et d'œufs de poissons. Leur régime alimentaire se compose aussi de petits poissons (harengs, sardines), de petits crustacés (crevettes) et de vers.

Le saviez-vous ?

La chair du maquereau contient des graisses qui protègent notre système cardio-vasculaire et notre cerveau.

• Reproduction / Développement

La fécondation est externe et se produit en été. Plus la femelle est âgée, plus elle produit d'ovules, au maximum un million par période de reproduction.

• Habitat

Les maquereaux vivent près des côtes de l'Atlantique, de la mer du Nord et de la Manche.

• Technique de pêche

Les maquereaux se pêchent à la ligne, au filet et au chalut.

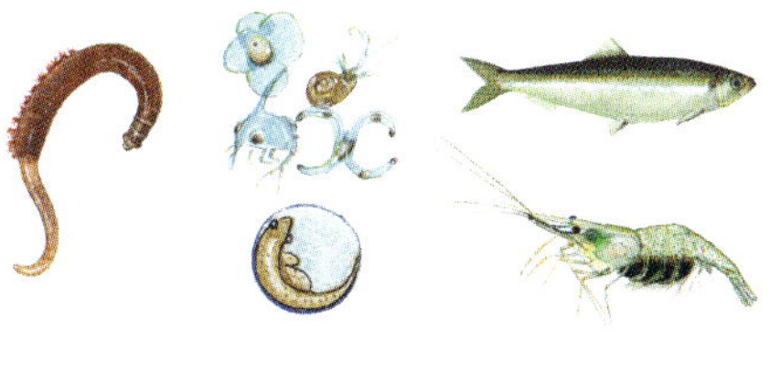

Les bonites

Bonite à ventre rayé

Katsuwonus pelamis

Longueur moyenne : 80 cm

Particularités : présence de rayures foncées sur le ventre.

Bonite à dos rayé

Sarda sarda

Longueur moyenne : 50 cm

Particularités : présence de rayures foncées sur le dos.

• Description

Les bonites ont un corps qui se situe entre celui des thons et celui des maquereaux. La première dorsale est plus développée que la seconde. Les pinnules sont bien visibles derrière la seconde nageoire dorsale et la nageoire anale. Les nageoires pectorales sont courtes. Le dos est bleu ou vert argenté, les côtés sont argentés et le ventre est blanc.

• Nutrition

Les bonites se nourrissent de petits poissons (sardines, harengs, maquereaux), de crustacés (crevettes, crabes) et de calmars.

• Reproduction / Développement

La fécondation est externe. Chaque femelle pond plusieurs centaines de milliers d'ovules. La reproduction s'effectue en été.

• Habitat

Les bonites vivent entre 100 m de profondeur (en moyenne) et la surface. La bonite à ventre rayé vit dans le golfe de Gascogne. La bonite à dos rayé vit près des côtes atlantiques, de la mer du Nord et de la Manche.

• Technique de pêche

Les bonites se pêchent à la ligne, au filet ou plus rarement au chalut.

Les vieilles, les labres et la girelle

Détail de la bouche d'une grande vieille

• Description
Les labridés ont un corps allongé muni d'écailles avec un dos souvent arrondi. Ils possèdent une longue nageoire dorsale qui est traversée, en avant, par des rayons cartilagineux qui se terminent par des épines. La nageoire anale est assez longue et la caudale est large et arrondie. La bouche est grande et possède de grosses lèvres, les dents sont petites mais la mâchoire est puissante. La couleur du corps varie selon l'espèce.

• Nutrition
Ces poissons se nourrissent de petits crustacés (amphipodes, balanes, chitons, crabes, crevettes), de mollusques (bivalves, gastéropodes), de vers et, pour les gros individus, de petits poissons.

• Reproduction / Développement
La fécondation est externe et se produit au printemps ou en été. Les labridés peuvent changer de sexe au cours de leur vie. Ainsi, les femelles âgées deviennent en quelques mois des mâles. On remarque aussi une différence de couleurs et de taille : le mâle est plus grand et plus coloré.

• Habitat
Les labridés vivent essentiellement près des côtes entre 0 et 100 m de profondeur en moyenne. On les observe parmi les rochers et les algues. Ils sont présents en Atlantique, en mer du Nord et dans la Manche.

• Technique de pêche
Ils se pêchent à l'épuisette à marée basse, à la ligne, au filet et au chalut.

Le saviez-vous ?

La femelle et le mâle mélangent les ovules et les spermatozoïdes dans un nid d'algues. Le mâle protège ensuite sa progéniture jusqu'à l'éclosion.

Crénilabre mélops femelle

Crénilabre mélops mâle

Crénilabre mélops

Symphodus melops

Longueur moyenne : 20 cm
Particularités : les mâles sont bleus, les femelles sont brunes. De nombreuses marbrures foncées traversent le corps. Présence parfois d'une tache sombre à la base de la caudale.

Les vieilles, les labres et la girelle

Vieille coquette

Labrus mixtus

Longueur moyenne : 25 cm
Particularités : corps allongé. Museau fin. La femelle a trois taches noires et quatre taches blanches sur la nageoire dorsale, elle est rouge orangé sur l'ensemble du corps. Le mâle a souvent la tête bleue et le reste du corps est orangé avec des rayures bleu vif.

Petite vieille

Centrolabrus exoletus

Longueur moyenne : 15 cm
Particularités : le corps est brun ou vert olive avec les côtés jaunâtres. Tête rose orangé avec des rayures bleues.

Juvénile d'une grande vieille

Grande vieille

Labrus bergylta

Longueur moyenne : 30 cm
Particularités : corps massif, brun-rouge ou vert olive. De nombreuses taches claires ou des marbrures traversent le corps. Lèvres grosses et épaisses.

Cténolabre rupestre

Ctenolabrus rupestris

Longueur moyenne : 15 cm
Particularités : corps brun ou orangé. Présence d'une tache noire à la base de la nageoire caudale. Corps fin.

Girelle

Coris julis

Longueur moyenne : 20 cm
Particularités : corps fin et allongé. Corps divisé en deux couleurs : le dos est vert ou orangé, le ventre est blanc ou ocre. Présence d'une longue tache noire au milieu du corps et d'une petite tache noire ronde derrière l'opercule.

Les bars

Détail de la bouche protractile du bar commun

• Description
Le bar commun a un corps allongé muni d'écailles, avec une large bouche. Il possède deux nageoires dorsales de taille similaire. La première est formée de rayons cartilagineux épineux. L'opercule comporte quelques épines. La ligne latérale est bien visible le long du corps. La couleur est assez uniforme. Le dos varie du gris au bleu foncé, les côtés sont argentés et le ventre est jaunâtre. Les jeunes individus sont plus clairs que les adultes et ont parfois des taches noires sur le corps.

• Nutrition
Le bar se nourrit de petits poissons (sardines, lançons, anchois), de céphalopodes (calmars) et de crustacés (crevettes).

• Reproduction / Développement
La fécondation est externe et se produit durant le printemps et l'été. Les femelles produisent plusieurs centaines de milliers d'ovules par kilogramme de chair.

• Habitat
Le bar vit près des côtes de l'Atlantique, de la Manche et de la mer du Nord. Il aime tout particulièrement les côtes rocheuses battues par les vagues. On le trouve parfois sur du sable ou du gravier.

• Technique de pêche
Le bar se pêche à la ligne, à la palangre et parfois au chalut de fond ou au filet.

Le saviez-vous ?

> *Lorsque le bar est menacé par un prédateur, il déploie ses nageoires pour paraître plus gros.*

Les bars

Vue de dessus du bar commun

Bar commun

Dicentrarchus labrax

Longueur moyenne : 55 cm
Particularités : dos bleu argenté. Absence de taches sur le dos.

Bar tacheté

Dicentrarchus punctatus

Longueur moyenne : 40 cm
Particularités : corps clair et constellé de taches noires sur le dos.

Les vives

Détail de la tête de la grande vive

Bouche et première nageoire dorsale de la grande vive

• Description
Les vives sont des poissons au corps allongé sans écaille avec une grosse tête. Elles possèdent une grosse bouche et des yeux sur le dessus. Elles ont deux nageoires dorsales, la première est traversée par des rayons cartilagineux transformés en épines. Ces dernières ainsi que celles de l'opercule sont reliées à des glandes à venin.

• Nutrition
Les vives se nourrissent de petits poissons et de crustacés (crabes, crevettes).

• Reproduction / Développement
La fécondation est externe et se produit en été.

• Habitat
Les vives sont présentes sur les côtes de l'Atlantique, de la mer du Nord et de la Manche de 0 à 100 m de profondeur. Durant la journée, elles vivent enfouies dans le sable, la vase ou le gravier. Seuls les yeux et la première nageoire dorsale sont visibles.

• Technique de pêche
La grande vive se pêche à la ligne le plus souvent. Les deux espèces se pêchent à l'épuisette en bord de plage.

Le saviez-vous ?

Le venin des vives est très puissant. Il est thermolabile (se détériore au-delà de 40 °C). Il faut donc passer la zone piquée sous de l'eau assez chaude pour atténuer la douleur.

Les vives

Grande vive

Trachinus draco

Longueur moyenne : 25 cm

Particularités : l'opercule est surmonté de deux épines. Corps brun ou noir avec des stries sur le dos.

Petite vive

Echiichthys vipera

Longueur moyenne : 12 cm

Particularités : l'opercule est surmonté d'une épine. Corps ocre avec quelques taches plus foncées sur le dos. Le ventre est jaunâtre.

Le lançon

Lançon commun

Hyperoplus lanceolatus

Longueur moyenne : 25 cm

Détail de la bouche protractile du lançon

• Description

Le lançon commun a un corps allongé et fin. Il possède une nageoire dorsale qui couvre presque la totalité du dos. La nageoire anale est longue, environ la moitié de la longueur de la nageoire dorsale. Il possède une petite nageoire caudale. La tête est pointue. Le dos est vert olive ou bleu argenté, les côtés et le ventre sont argentés.

• Nutrition

Le lançon commun se nourrit de petits poissons, de crustacés et de vers.

• Reproduction / Développement

La fécondation est externe et se produit au printemps et en été. Les œufs ainsi produits se collent au sable ou au gravier et en tapissent le fond.

• Habitat

Ce poisson vit entre 5 et 20 m de profondeur près des côtes de l'Atlantique Nord, de la Manche et de la mer du Nord. Il aime tout particulièrement les eaux saumâtres des estuaires.

• Technique de pêche

Le lançon se pêche à la drague, au chalut ou à la ligne (mitraillette). La pêche au filet est interdite (il existe une dérogation à l'île d'Yeu).

Le saviez-vous ?

Le lançon est un très bon appât pour la pêche au bar.

Le loup

Loup de l'Atlantique

Anarhichas lupus

Longueur moyenne : 70 cm

Détail de la tête du loup de l'Atlantique

• Description

Le corps du loup de l'Atlantique est long avec une grosse tête bien ronde. La tête se termine par une grosse bouche munie de lèvres épaisses et de longues dents pointues. Il possède une longue nageoire dorsale. L'ensemble du corps est brun, vert et parfois rouge. Le dos est souvent traversé par des rayures plus sombres.

• Nutrition

Le loup de l'Atlantique se nourrit de petits animaux comme des crustacés (amphipodes, crabes, bernard-l'ermite), des mollusques (patelles, bulots, bivalves), des échinodermes (ophiures) et des petits poissons.

• Reproduction / Développement

La fécondation est interne. La femelle pond ses œufs en hiver, ceux-ci formant une boule qui s'accroche sur le fond ou sur tout autre substrat. Les mâles surveillent et protègent les œufs pendant leur développement.

• Habitat

Le loup de l'Atlantique vit près des côtes de l'Atlantique, de la mer du nord et de la Manche entre 20 et 100 m de profondeur. Il vit parmi les rochers, les algues et parfois en contact avec le sable et la vase.

• Technique de pêche

Le loup de l'Atlantique se pêche au chalut, au filet ou à la ligne.

Le saviez-vous ?

Le loup de l'Atlantique peut dépasser les 20 kg et atteindre 1,50 m.

Les blennies

Blennie rayée ou cabot

Parablennius gattorugine
Longueur moyenne : 17 cm
Particularités : corps traversé par de larges rayures marron. Présence de deux cornes rouges sur la tête.

• Description
Les blennies ont un corps allongé comprimé sur les côtés. Elles ne possèdent pas d'écailles ni de vessie natatoire. La tête est ronde avec de grosses lèvres. La nageoire dorsale est longue, elle orne la totalité du dos. Les premiers rayons de cette nageoire sont cartilagineux. La nageoire anale est longue. Les colorations varient en fonction de l'espèce, on note très souvent la présence de taches ou de rayures.

• Nutrition
Les blennies se nourrissent d'algues qu'elles arrachent avec leurs dents sur les rochers. Elles fouillent dans le sable pour capturer des petits crustacés ou de petits mollusques.

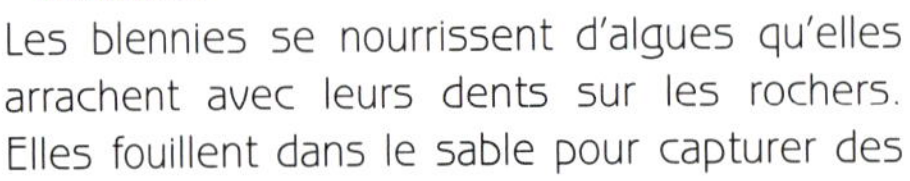

• Reproduction / Développement
La fécondation est externe. Le mâle attire par une parade nuptiale la femelle dans une crevasse ou un trou. Celle-ci pond ses ovules, le mâle y dépose ensuite ses spermatozoïdes. Ce dernier surveille jusqu'à l'éclosion de sa progéniture.

• Habitat
Ces poissons vivent près des côtes de l'Atlantique, de la Manche et de la mer du Nord. Ils se cachent la journée dans des crevasses, sous des rochers. La blennie pholis vit sur le sable ou le gravier.

• Technique de pêche
Les blennies se pêchent à marée basse à l'épuisette. On peut en pêcher accidentellement dans les casiers ou au chalut.

Le saviez-vous ?

> *Les mâles sont souvent plus gros que les femelles. Ils arborent des couleurs vives pendant la période de reproduction.*

Les blennies

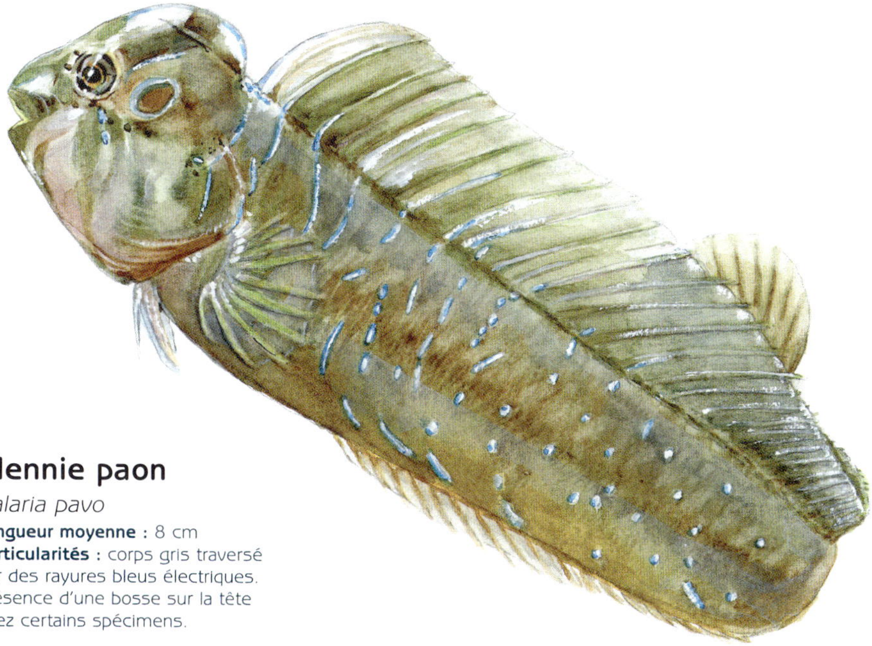

Blennie paon

Salaria pavo

Longueur moyenne : 8 cm
Particularités : corps gris traversé par des rayures bleus électriques. Présence d'une bosse sur la tête chez certains spécimens.

Blennie pholis ou mordocet

Lipophrys pholis

Longueur moyenne : 10 cm
Particularités : corps parsemé de taches noires. Absence de cornes sur la tête.

Le dragonnet lyre

Dragonnet lyre
Callionymus lyra
Longueur moyenne : 25 cm

• Description
Le dragonnet lyre a un corps allongé, aplati sur les côtés et sans écailles. Il possède deux nageoires dorsales. La première est haute et s'affine sur l'extrémité. La tête est large et triangulaire. Les yeux sont situés sur le dessus de la tête. Les femelles et les mâles immatures sont bruns avec des taches plus sombres. Les mâles matures, surtout en période de reproduction, se parent de rayures bleu vif et de marbrures jaunes.

• Nutrition
Le dragonnet lyre se nourrit de petits invertébrés qui vivent enfouis dans le sable, comme des crustacés ou des vers.

• Reproduction / Développement
La fécondation est externe. Elle se produit durant le printemps et l'été. Le mâle, de couleurs vives, attire la femelle en effectuant une parade nuptiale.

• Habitat
Il vit près des côtes de l'Atlantique Nord, de la Manche et de la mer du Nord entre 5 et 50 m de profondeur. Il vit enfoui dans le sable, le gravier ou dans un mélange de vase et de sable.

• Technique de pêche
Il se pêche au chalut.

Le chinchard

Chinchard commun

Trachurus trachurus

Longueur moyenne : 30 cm

• Description

Le chinchard a un corps allongé muni d'écailles et aplati sur les côtés. Il possède deux nageoires dorsales, la première est plus petite que la seconde. La nageoire anale est quasi identique à la seconde nageoire dorsale. La ligne latérale est bien visible, elle se termine par des scutelles (petites rugosités osseuses). Les yeux sont gros et bien visibles. Le chinchard possède une tache noire au niveau de l'opercule. Le dos est bleu-vert argenté, les côtés sont argentés et le ventre est nacré.

• Nutrition

Le chinchard se nourrit de petits crustacés, de petits poissons (harengs, sardines), d'œufs de poissons, de vers et de calmars.

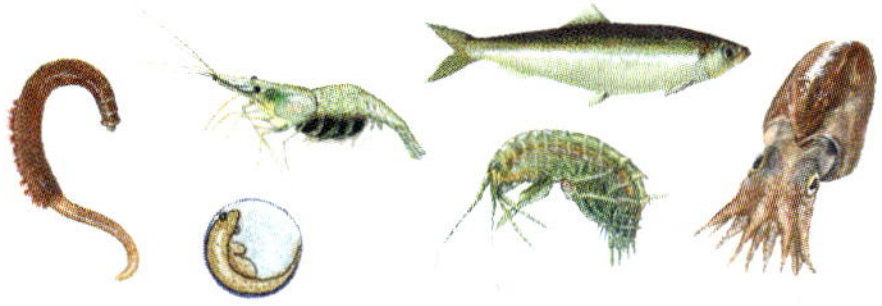

• Reproduction / Développement

La fécondation est externe, elle se produit en été. La femelle pond plusieurs dizaines de milliers d'ovules.

• Habitat

Il vit en banc près des côtes de l'Atlantique, de la Manche et de la mer du Nord entre 100 et 200 m de profondeur au-dessus du sable ou de la vase. Pendant la période froide, il migre vers le large de la Mauritanie, et pendant la saison chaude, il s'approche des côtes françaises.

• Technique de pêche

Le chinchard se pêche à la ligne, au filet et au chalut.

Le saviez-vous ?

La chair du chinchard est très appréciée en Espagne. Il est peu consommé en France, il sert d'appât pour la pêche au casier.

La cépole

Cépole commune

Cepola macrophthalma

Longueur moyenne : 40 cm

• Description

La cépole a un corps allongé en forme de ruban dépourvu d'écailles. Les nageoires dorsale et anale sont longues, elles prennent naissance au niveau de l'opercule et se terminent à la base de la nageoire caudale. La tête est ronde avec une grande bouche munie de nombreuses petites dents. Les yeux sont gros et souvent colorés de rouge. Le dos et les côtés sont rouge orangé, le ventre et quelques zones de la tête sont jaunâtres ou blanches.

• Nutrition

La cépole se nourrit de petits crustacés planctoniques (crabes et amphipodes) et parfois de vers. Les jeunes cépoles se nourrissent en plus d'œufs de poissons.

• Reproduction / Développement

La fécondation est externe et se produit au printemps ou en automne. Les œufs fécondés sont livrés à eux-mêmes en pleine eau.

• Habitat

La cépole vit entre 20 et 300 m de profondeur près des côtes de l'Atlantique, de la mer du Nord et de la Manche. Elle vit enfouie dans un trou à la verticale. Celui-ci est creusé dans le sable ou dans un mélange de sable et de vase.

• Technique de pêche

La cépole se pêche au chalut.

Les gobies

Gobie des sables ou petit gobie

Pomatoschistus minutus
Longueur moyenne : 7 cm
Particularités : corps brun clair avec des taches plus sombre. Présence d'une tache bleue sur la première nageoire dorsale du mâle.

Gobie paganel

Gobius paganellus
Longueur moyenne : 10 cm
Particularités : corps brun foncé avec une bande foncée sur la première nageoire dorsale.

• Description
Les gobies ont un corps allongé et cylindrique. La tête est grosse et arrondie. Ils possèdent deux nageoires dorsales. La première est plus petite que la seconde. La nageoire anale est semblable à la seconde nageoire dorsale. Le corps est constellé de taches sombres afin de passer inaperçu sur le sable ou parmi les roches. Le ventre est jaunâtre.

• Nutrition
Les gobies se nourrissent de petits crustacés (crabes, amphipodes, crevettes) et de vers. Les jeunes se nourrissent d'œufs de poissons.

• Reproduction / Développement
La fécondation est externe et se produit durant l'été. La femelle pond ses ovules dans une coquille de bivalve vide, et le mâle émet ensuite ses spermatozoïdes. Celui-ci garde sa progéniture durant les premiers jours de leur développement.

• Habitat
Le gobie des sables, comme son nom l'indique, vit sur le sable, la vase ou parfois le gravier. Le gobie paganel vit parmi les roches. On les observe de 0 à 100 m de profondeur le plus souvent. Ils se trouvent sur les côtes de l'Atlantique, de la mer du Nord et de la Manche.

• Technique de pêche
Les gobies se pêchent à marée basse à l'aide d'une épuisette. Le gobie paganel se pêche parfois à la ligne dans les zones portuaires.

Le saviez-vous ?

> *En se rapprochant sous le ventre, les nageoires pelviennes des gobies et des blennies forment une ventouse.*

Le rouget

Rouget barbet ou rouget de roche

Mullus barbatus barbatus

Longueur moyenne : 15 cm

• Description

Le rouget barbet a un corps allongé et cylindrique muni d'écailles. Il possède deux nageoires dorsales. La première est triangulaire. La nageoire anale est semblable à la seconde nageoire dorsale. La tête se termine par un museau rectiligne. Sous la bouche, on observe deux barbillons blancs. Le dos est rose orangé, les côtés sont traversés par des lignes jaunes et le ventre est jaunâtre. L'œil est rouge.

• Nutrition

Le rouget barbet se nourrit de petits crustacés (amphipodes, crabes), de petits mollusques (bivalves, gastéropodes) et de vers.

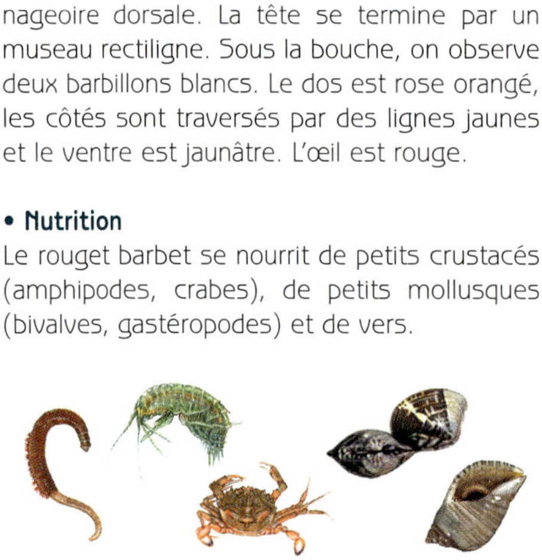

• Reproduction / Développement

La fécondation est externe et se produit au printemps et en été.

• Habitat

Le rouget barbet vit le plus souvent entre 2 et 50 m de profondeur près des côtes de l'Atlantique, de la mer du Nord et de la Manche. Il vit en contact avec le gravier, le sable ou la vase. On l'observe parfois dans les zones rocheuses.

• Technique de pêche

Le rouget barbet se pêche au filet et au chalut.

Le saviez-vous ?

Le rouget barbet se sert de ses barbillons pour localiser ses proies dans le sable ou la vase.

La gonelle

Gonelle

Pholis gunnellus
Longueur moyenne : 20 cm

• Description
La gonelle a un corps allongé en forme de ruban. La nageoire dorsale prend naissance derrière la tête. Elle porte à sa base une ligne de taches rondes noires entourées d'un anneau blanc. La nageoire anale commence au milieu du ventre et se termine à la base de la nageoire caudale. Sous l'œil, on observe souvent une ligne noire verticale. L'ensemble du corps est brun ou vert avec des marbrures plus ou moins claires.

• Nutrition
La gonelle se nourrit de petits crustacés et de vers. Les jeunes se nourrissent d'œufs de poissons.

• Reproduction / Développement
La fécondation est externe et se produit en hiver et au début du printemps. Le mâle et la femelle s'enroulent autour des œufs produits. Ceux-ci forment une boule jaune qui est ainsi protégée des prédateurs.

• Habitat
La gonelle vit près des côtes de l'Atlantique Nord, de la Manche et de la mer du Nord. Elle vit parmi les algues et les rochers.

• Technique de pêche
La gonelle se pêche à marée basse à l'aide d'une épuisette. Elle se pêche aussi au filet ou au chalut plus au large.

Le saviez-vous ?

> *Les anglais donnent le nom de* butterfish *(« poisson beurre ») à la gonelle, en raison du mucus abondant qui recouvre sa peau et qui la rend très glissante.*

Le cernier

Cernier commun

Polyprion americanus

Longueur moyenne : 70 cm

• Description

Le cernier a un corps massif et ovale. Il possède une nageoire dorsale, dont la première partie est formée de rayons cartilagineux se finissant par une épine. La tête est grande et se termine par une large bouche. La mâchoire inférieure dépasse la mâchoire supérieure. Le dos et les côtés sont gris ou bruns, le ventre est plus clair.

• Nutrition

Le cernier se nourrit de grands céphalopodes (calmars), de crustacés et de poissons.

• Reproduction / Développement

La fécondation est externe et se produit en été.

• Habitat

Le cernier vit près des côtes de l'Atlantique, de la mer du Nord et de la Manche entre 50 et 500 m de profondeur. Il apprécie tout particulièrement les crevasses et les épaves..

• Technique de pêche

Le cernier se pêche au chalut.

Le saviez-vous ?

Les jeunes cerniers ont des taches plus sombres qui leur parsèment le corps.

Le maigre et le corb

Maigre commun

Argyrosomus regius
Longueur moyenne : 75 cm
Particularités : deux nageoires dorsales distinctes mais jointives. Nageoires brun foncé.

Corb commun

Sciaena umbra
Longueur moyenne : 35 cm
Particularités : nageoires pelviennes et anale noires avec une bordure blanche. Nageoire caudale jaunâtre. Dos courbé.

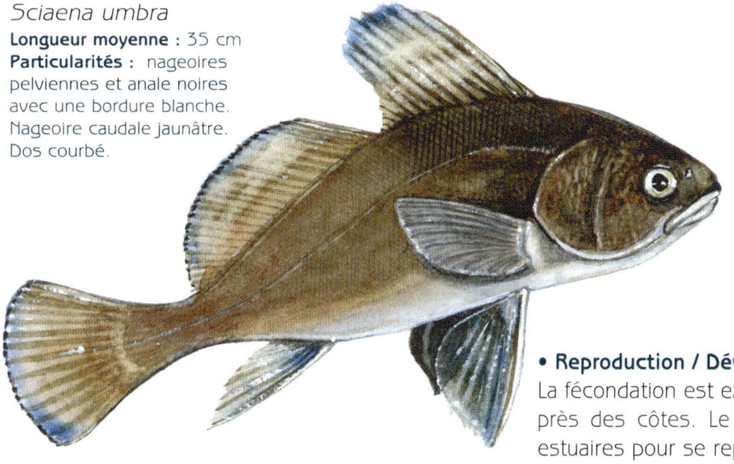

• Description
Le maigre commun et le corb commun ont un corps allongé et fusiforme. Ils possèdent deux nageoires dorsales, la première est plus petite que la seconde. La tête se termine par une bouche pointue munie de grosses lèvres. Le dos et les côtés sont olive ou marron et le ventre est blanchâtre avec des reflets argentés.

• Nutrition
Le maigre et le corb se nourrissent de crevettes et de poissons. Le maigre capture parfois des calmars.

• Reproduction / Développement
La fécondation est externe et se produit en été près des côtes. Le maigre se rend dans les estuaires pour se reproduire.

• Habitat
Ces poissons vivent au large, dans les estuaires ou près des côtes de l'Atlantique, de la mer du Nord et de la Manche, entre 20 et 250 m de profondeur pour le maigre et 3 et 150 m pour le corb. Ce dernier est surtout présent dans le golfe de Gascogne parmi les algues et les rochers.

• Technique de pêche
Le maigre et le corb se pêchent à la ligne, au filet ou au chalut.

Le saviez-vous ?

Le maigre et le corb émettent un grognement pour attirer la femelle lors de la période de reproduction.

Le sabre

Sabre noir

Aphanopus carbo

Longueur moyenne : 75 cm

• Description

Le sabre noir a un corps allongé en forme de ruban. La mâchoire est très effilée avec de petites dents fines. La nageoire anale est absente. La nageoire dorsale est divisée en deux parties, la séparation se trouvant au-dessus de l'épine située sous le ventre du poisson. La nageoire caudale est peu développée. La ligne latérale est bien visible. Le corps est noir, irisé de reflets cuivrés. Le ventre a des nuances plus claires.

• Nutrition

Le sabre noir est un grand prédateur, il se nourrit de crustacés, de calmars et de poissons (maquereaux).

• Reproduction / Développement

La fécondation est externe, elle se produit sur une période allant de l'automne au printemps. Le mâle et la femelle se rassemblent vers 800 m de profondeur pour émettre leurs spermatozoïdes et leurs ovules.

• Habitat

Le sabre noir vit au large des côtes de l'Atlantique Nord entre 400 et 1 500 m de profondeur.

• Technique de pêche

Ce poisson se pêche au chalut.

Le saviez-vous ?

L'épine située près de l'anus est beaucoup plus développée chez les juvéniles. Elle est parfois absente chez les adultes.

L'uranoscope

Uranoscope

Uranoscopus scaber

Longueur moyenne : 23 cm

• Description

L'uranoscope possède une grosse tête ronde et un corps cylindrique et effilé. Il a deux nageoires dorsales, la première est plus petite que la seconde. La première nageoire dorsale est noire, l'autre est bordée de bleu. La bouche s'ouvre sur le dessus et les yeux globuleux sont disposés sur le dessus de la tête. On note la présence d'une excroissance sur les lèvres qui sert à attirer ses proies. Le dos et les côtés sont bruns ou ocre, le ventre est blanchâtre. On observe parfois de larges bandes plus sombres sur le corps.

• Nutrition

L'uranoscope se nourrit de petits crustacés (amphipodes, crabes et crevettes), de vers, de poissons et de céphalopodes. Les grands spécimens se nourrissent de gros poissons (chinchards, merlus).

• Reproduction / Développement

La fécondation est externe. Elle se produit au printemps et en été.

• Habitat

L'uranoscope vit enfoui dans le sable, la vase ou dans un mélange de sable et de vase. Il vit près des côtes de l'Atlantique entre 30 et 350 m de profondeur environ.

• Technique de pêche

L'uranoscope se pêche au chalut, à la ligne ou au filet de fond.

Le saviez-vous ?

L'uranoscope émet de petites impulsions électriques. L'intensité de celles-ci est encore mal connue.

L'espadon

Espadon

Xiphias gladius

Longueur moyenne : 1,60 m

• Description

L'espadon a un corps allongé et cylindrique. Il est massif avec une peau dure. Il possède deux nageoires dorsales. La première forme un grand aileron, la seconde est très réduite et se situe à la base de la grande nageoire caudale. La tête est munie d'un long rostre qui mesure environ un tiers de la longueur totale du corps. Les yeux sont grands. Le dos et les côtés sont bleus ou noirs, le ventre est brun olive avec des reflets argentés.

• Nutrition

L'espadon se nourrit de crustacés, de céphalopodes (calmars, pieuvres) et de poissons (sardines, harengs, merlus).

• Reproduction / Développement

La fécondation est externe et se produit durant l'été à une profondeur d'environ 50 m. Une femelle peut produire plusieurs millions d'ovules.

• Habitat

L'espadon vit au large des côtes de l'Atlantique entre 5 et 500 m de profondeur le plus souvent.

• Technique de pêche

L'espadon se pêche à la ligne ou accidentellement au filet.

Le saviez-vous ?

L'espadon est l'un des poissons les plus rapides au monde. Il peut atteindre des pointes de vitesse supérieures à 100 km/h.

Les lieux, les tacauds, les merlans, la morue et l'églefin

Lieu noir

Pollachius virens

Longueur moyenne : 65 cm
Particularités : pas de barbillon. Dos noir et ventre blanchâtre.

• Description

Les poissons de ce groupe ont un corps fusiforme couvert de petites écailles, allongé et aplati latéralement. La plupart des espèces possèdent trois nageoires dorsales et deux nageoires anales. Les nageoires pelviennes sont situées sous l'opercule de la tête. Plusieurs espèces possèdent des barbillons sous leur menton. Les teintes varient du brun au gris. Le dos est toujours plus foncé que le ventre et les côtés.

• Nutrition

Ils se nourrissent de petits poissons (harengs, sprats), de crustacés (crevettes, crabes), d'échinodermes (ophiures), de vers et de mollusques (bivalves).

• Reproduction / Développement

La fécondation est externe : les mâles et les femelles libèrent leurs spermatozoïdes et leurs ovules directement dans l'eau de mer. La fécondation produit entre plusieurs milliers et plusieurs millions d'œufs, selon l'espèce. Les œufs sont libres dans l'eau et dérivent au gré des courants.

• Habitat

Ces espèces vivent près des côtes de l'Atlantique, de la mer du Nord et de la Manche, entre 5 et 500 m de profondeur en moyenne. Elles apprécient particulièrement les fonds vaseux, sablonneux ou rocheux.

• Technique de pêche

Ces espèces ont toutes une grande importance commerciale. Elles se pêchent au chalut, au filet ou à la ligne.

Le saviez-vous ?

Les œufs de merlans sont agglutinés sous les méduses pour être protégés des prédateurs.

Les lieux, les tacauds, les merlans, la morue et l'églefin

Églefin

Melanogrammus aeglefinus
Longueur moyenne : 35 cm
Particularités : barbillon réduit. Dos brun foncé. Ventre blanchâtre. Présence d'une tache brun foncé ou noire sous la première nageoire dorsale.

Morue ou cabillaud

Gadus morhua
Longueur moyenne : 70 cm
Particularités : barbillon développé. Dos brun foncé. Dos et côtés parsemés de petites taches foncées. Ventre blanchâtre.

Les lieux, les tacauds, les merlans, la morue et l'églefin

Merlan

Merlangius merlangus
Longueur moyenne : 35 cm
Particularités : barbillon très réduit.
Dos brun foncé et ventre blanchâtre.

Petit tacaud

Trisopterus minutus
Longueur moyenne : 18 cm
Particularités : barbillon réduit.
Dos brun clair.

Les lieux, les tacauds, les merlans, la morue et l'églefin

Lieu jaune

Pollachius pollachius

Longueur moyenne : 65 cm
Particularités : pas de barbillon. Dos brun foncé. Côtés jaune brillant. Ventre blanchâtre.

Tacaud commun

Trisopterus luscus

Longueur moyenne : 25 cm
Particularités : barbillon développé. Corps large avec de grosses rayures brun clair.

Merlan bleu

Micromesistius australis

Longueur moyenne : 45 cm
Particularités : barbillon absent. Corps fin. Dos bleuté et côtés bleu argenté.

Les motelles, le brosme et les lingues

Motelle commune ou loche de mer

Gaidropsarus vulgaris
Longueur moyenne : 40 cm
Particularités : deux barbillons au-dessus de la lèvre supérieure, un barbillon sous la lèvre inférieure. Dos brun clair avec des taches brun foncé.

• Description
Les espèces de ce groupe ont un corps allongé et cylindrique. Elles possèdent deux nageoires dorsales (une petite et une grande) ou une seule qui est très longue. Elles ont une seule nageoire anale, les nageoires pelviennes sont situées sous l'opercule de la tête. On note la présence de longs barbillons sous le menton. Les teintes varient du brun au gris, avec parfois des taches ou des rayures plus foncées.

• Nutrition
Ces poissons se nourrissent essentiellement de poissons de fond (merlans, poissons plats, grondins) et de crustacés (crevettes, langoustines).

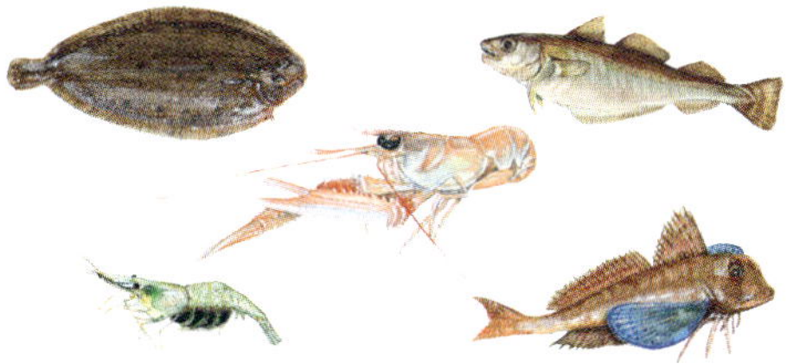

• Reproduction / Développement
La fécondation est externe. Un couple peut être à l'origine de plusieurs dizaines de millions d'œufs. Ces œufs sont pourvus d'une réserve alimentaire sous la forme d'une goutte d'huile et dérivent dans l'eau.

• Habitat
Ce sont des espèces qui vivent le plus souvent en contact avec des fonds rocheux. Elles sont présentent près des côtes de l'Atlantique, de la mer du Nord et de la Manche entre 50 et 500 m environ.

• Technique de pêche
Ces poissons se pêchent à la ligne ou au chalut.

Le saviez-vous ?
Les barbillons sont des organes sensoriels qui permettent de détecter les proies.

Motelle à trois barbillons

Gaidropsarus mediterraneus

Longueur moyenne : 25 cm
Particularités : deux barbillons au-dessus de la lèvre supérieure et un troisième sous la lèvre inférieure. Dos brun foncé, ventre blanchâtre.

Motelle à quatre barbillons

Enchelyopus cimbrius

Longueur moyenne : 30 cm
Particularités : deux barbillons au-dessus de la lèvre supérieure et deux autres sous la lèvre inférieure. Dos brun foncé, ventre blanchâtre.

Brosme

Brosme brosme

Longueur moyenne : 60 cm
Particularités : un barbillon sous la lèvre inférieure. Dos brun foncé, ventre ocre.

Julienne ou lingue commune

Molva molva

Longueur moyenne : 1,50 m
Particularités : un barbillon sous la lèvre inférieure. Dos brun foncé. Côtés brun clair avec des rayures plus sombres. Ventre blanchâtre.

Lingue bleue

Molva dypterygia

Longueur moyenne : 70 cm
Particularités : un barbillon court sous la lèvre inférieure. Côtés brun clair avec des rayures plus sombres. Ventre blanchâtre et tête pointue.

Le colin, le moro, le grenadier et le phycis

Colin ou merlu

Merluccius merluccius

Longueur moyenne : 60 cm
Particularités : corps cylindrique avec deux nageoires dorsales. La première est plus petite que la seconde. Pas de barbillon. Dos brun ou vert olive. Côtés et ventre blanchâtres.

Moro commun

Mora moro

Longueur moyenne : 35 cm
Particularités : deux nageoires dorsales. La première est plus petite que la seconde. Un barbillon sous la lèvre inférieure. Dos brun foncé. Côtés brun clair. Ventre blanc rosé.

• Nutrition

Ces trois espèces sont carnivores et se nourrissent de petits poissons, de crustacés (crevettes) ou de céphalopodes (calmars).

• Reproduction / Développement

La fécondation est externe. Chaque couple est à l'origine de plusieurs dizaines de milliers d'œufs qui dérivent dans l'eau.

• Habitat

Ces poissons vivent en Atlantique Nord, dans la Manche et en mer du Nord. On les trouve principalement au large, à partir de 100 m de profondeur. Le moro commun et le grenadier de roche sont des poissons de grands fonds, vivant à plus de 2 000 m de profondeur.

• Technique de pêche

Ces espèces se pêchent au chalut de fond ou à la ligne pour le colin.

Le colin, le moro, le grenadier et le phycis

Grenadier de roche

Coryphaenoides rupestris

Longueur moyenne : 50 cm
Particularités : grosse tête et petite bouche. Museau rond et grands yeux. Corps effilé, brun ou gris.

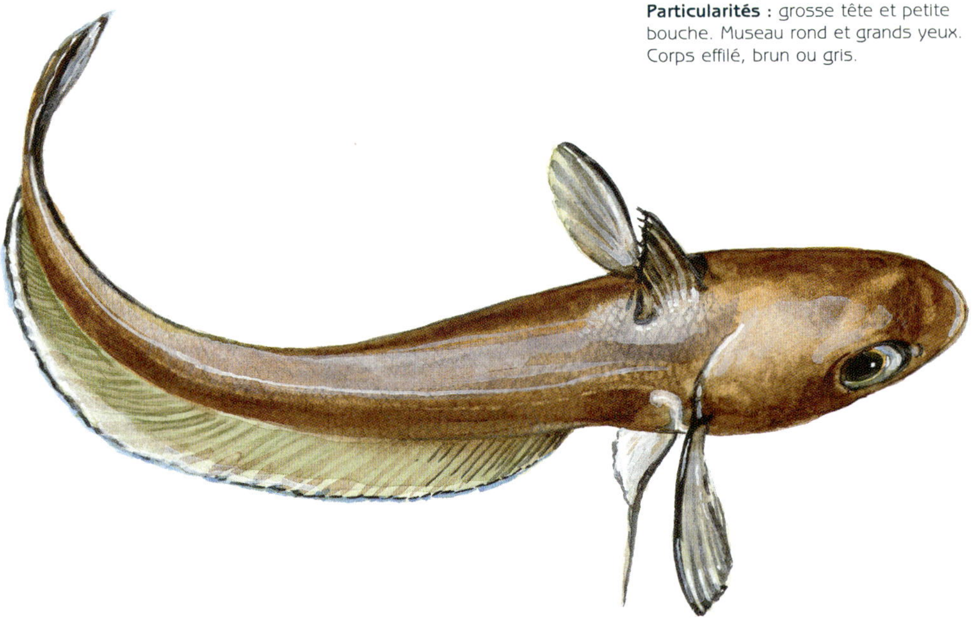

Phycis de fond

Phycis blennoides

Longueur moyenne : 30 cm
Particularités : deux nageoires dorsales, dont la seconde est très développée. Grande bouche. Plusieurs barbillons sur le menton et à la base de l'opercule. Dos brun-rouge. Ventre gris.

Le saviez-vous ?

Le grenadier peut vivre plus de 50 ans. Sa reproduction est peu productive et sa croissance est lente. Cette espèce est donc très vulnérable.

Les poissons plats

Face ventrale non pigmentée d'un flétan de l'Atlantique

• Description

Le corps est aplati et ovale. La face dorsale est fortement pigmentée, légèrement bombée, elle porte les yeux (côte à côte et parfois très globuleux) et les nageoires. La face ventrale est plate, claire et non pigmentée. Les nageoires dorsale et anale délimitent le tour du corps du poisson. La nageoire caudale est large mais courte. Les nageoires pectorale et pelvienne sont plus ou moins développées selon l'espèce.

• Nutrition

Les poissons plats sont tous carnivores, ils se nourrissent de proies vivantes. Le régime alimentaire des adultes se compose de vers, de crustacés, de mollusques, de petits poissons et d'oursins. Les larves des poissons plats se nourrissent de zooplancton.

• Reproduction / Développement

Chez les poissons plats, la fécondation est externe et s'effectue en hiver et au printemps. Les femelles et les mâles émettent leurs semences directement dans l'eau. Les milliers d'œufs issus de la fécondation se déplacent au gré des courants. Après quelques jours, les larves sortent des œufs. Celles-ci ressemblent à toutes les autres espèces de poissons (elles ne sont pas aplaties). Six à dix semaines après

Vues de face d'une plie

l'éclosion, les larves subissent une métamorphose : c'est la migration d'un œil sur la face dorsale. Elles deviennent alors des adultes en miniature.

Métamorphose de la larve des poissons plats : migration de l'œil

Le saviez-vous ?

Une espèce de poisson plat est dite gauchère lorsque l'œil a migré sur le côté gauche, et inversement pour une espèce droitière.

Les poissons plats

• Habitat
Les poissons plats vivent principalement sur des fonds meubles comme le sable, la vase ou le gravier, entre quelques mètres jusqu'à plusieurs centaines de mètres de profondeur. Durant leurs périodes d'inactivité, la nuit, ils sont ensablés, seuls les yeux ressortent. Ils vivent près des côtes de l'Atlantique, de la Manche et de la mer du Nord.

• Technique de pêche
La pêche des poissons plats se fait de différentes manières selon le lieu et la profondeur : chalut, filet, senne tournante, nasse ou à la ligne.

• Particularités
Les poissons plats adultes ne possèdent pas de vessie natatoire : leur vie benthique ne nécessite pas de système de flottabilité. Ils se déplacent par ondulations du corps.

Plie ou carrelet

Pleuronectes platessa
Longueur moyenne : 50 cm
Particularités : corps allongé. Droitier. Corps brun olive avec des taches rouges.

Flétan de l'Atlantique

Hippoglossus hippoglossus
Longueur moyenne : 1 m
Particularités : corps allongé. Droitier. Corps noir bleuté.

Le saviez-vous ?
Le flétan peut mesurer jusqu'à 5 m de long et peser plus de 300 kg.

Les poissons plats

Limande

Limanda limanda
Longueur moyenne : 30 cm
Particularités : corps allongé. Droitière. Corps ocre et translucide.

Limande-sole

Microstomus kitt
Longueur moyenne : 30 cm
Particularités : corps allongé. Droitière. Corps brun-rouge avec des taches plus sombres.

Flet

Platichthys flesus
Longueur moyenne : 40 cm
Particularités : corps allongé. Droitier. Corps noir avec des marbrures et des taches plus claires. Nageoires brun clair.

Barbue

Scophthalmus rhombus

Longueur moyenne : 60 cm

Particularités : corps ovale. Gaucher. Corps brun avec des marbrures. Nageoires rouge orangé.

Targeur

Zeugopterus punctatus

Longueur moyenne :20 cm

Particularités : corps rond. Gaucher. Nageoires pelvienne et anale soudées. Corps brun-rouge avec des taches noires.

Les poissons plats

Turbot

Psetta maxima

Longueur moyenne : 60 cm
Particularités : corps ovale. Gaucher. Corps brun-vert avec des taches plus sombres. Présence de tubercules osseux sous la peau.

Le saviez-vous ?

La femelle du turbot peut pondre jusqu'à 15 millions d'ovules à la fois.

Cardine franche

Lepidorhombus whiffiagonis

Longueur moyenne : 40 cm
Particularités : corps allongé. Gaucher. Corps ocre et translucide.

Les poissons plats

Sole perdrix commune

Microchirus variegatus

Longueur moyenne : 20 cm
Particularités : nageoires pelviennes réduites. Droitière. Face dorsale rouge-brun avec de larges bandes noires en périphérie.

Le saviez-vous ?

Certaines soles peuvent vivre jusqu'à 25 ans.

Sole commune

Solea solea

Longueur moyenne : 30 cm
Particularités : nageoires pelviennes réduites. Droitière. Face dorsale brune avec des taches noires.

Céteau

Dicologlossa cuneata

Longueur moyenne : 20 cm
Particularités : nageoires pelviennes réduites. Droitier. Face dorsale brune avec des taches noires.

Les rascasses

Rascasse rouge

Scorpaena scrofa

Longueur moyenne : 40 cm
Particularités : corps rouge et brun avec des taches sombres sur le dos et les nageoires. Présence d'excroissances sous le menton et sur l'opercule.

• Description
Les rascasses ont un corps arrondi. Les nageoires pectorales sont larges et comportent parfois des épines venimeuses. Onze à treize épines ornent la nageoire dorsale. Des épines sont présentes sur les nageoires anales et pelviennes. La tête est massive avec de gros yeux globuleux. La zone située sous les yeux et l'opercule est garnie d'épines. La coloration des rascasses varie en fonction du milieu de vie. Elles passent du rouge vif au brun foncé, avec des taches ou des rayures plus ou moins prononcées.

• Nutrition
Les rascasses se nourrissent le plus souvent de petits poissons (gobies ou blennies), de crustacés (crevettes) et parfois de céphalopodes.

• Reproduction / Développement
La fécondation est interne et s'effectue le plus souvent en été, sauf pour le sébaste (hiver). Les œufs fécondés sont expulsés par la femelle dans une masse protectrice gélatineuse.

• Habitat
Les rascasses vivent le plus souvent parmi les roches et les algues. Certaines espèces privilégient le sable ou la vase. Elles sont présentes en Atlantique, dans la Manche et en mer du Nord, entre 5 et 500 m de profondeur en moyenne.

Le saviez-vous ?

Les épines de la rascasse brune sont venimeuses. La douleur est équivalente à la piqûre d'une vive.

Les rascasses

Petite rascasse ou rascasse pustuleuse

Scorpaena notata
Longueur moyenne : 20 cm
Particularités : corps rouge bordeaux avec des taches sombres sur le dos et les nageoires. Présence d'excroissances sous le menton.

Rascasse brune

Scorpaena porcus
Longueur moyenne : 30 cm
Particularités : corps brun avec des marbrures sombres sur le dos. Présence d'excroissances sur la tête.

Rascasse de fond ou sébaste chèvre

Helicolenus dactylopterus dactylopterus
Longueur moyenne : 40 cm
Particularités : corps rouge. Absence d'excroissances.

Les grondins

Grondin rouge

Aspitrigla cuculus
Longueur moyenne : 35 cm
Particularités : corps rouge orangé.

• Description
Les grondins ont un corps allongé avec une grosse tête. Sous la peau de celle-ci, plusieurs plaques osseuses lui donnent une forme anguleuse. Les yeux sont globuleux et surmontent un museau carré. Les nageoires pectorales sont larges et permettent la détection des proies présentes sur le fond. Les trois premiers rayons de ces nageoires sont libres et font office de doigts, qui permettent le déplacement sur le fond. Les grondins ont souvent une coloration uniforme allant de l'ocre au brun foncé. On observe parfois des taches plus sombres.

• Nutrition
Les grondins se nourrissent le plus souvent de petits poissons (gobies ou poissons plats), de crustacés (crevettes, langoustines, crabes), de mollusques et parfois de vers.

• Reproduction / Développement
La fécondation est interne et s'effectue tout au long de l'année selon l'espèce et l'endroit. Les centaines de milliers d'œufs fécondés sont expulsés par la femelle.

• Habitat
Les grondins vivent en contact avec des fonds meubles comme le sable, la vase, le gravier et parfois parmi des roches. Ils sont présents en Atlantique, dans la Manche et en mer du Nord, entre 20 et 200 m de profondeur en moyenne. Le grondin lyre peut vivre à plus de 700 m de profondeur.

Le saviez-vous ?

Quand le grondin sent le danger venir, il fait vibrer sa vessie natatoire et émet un grondement qui effraie les prédateurs (d'où l'origine de son nom).

Grondin perlon

Chelidonichthys lucernus
Longueur moyenne : 35 cm
Particularités : corps rougeâtre. Dessus des nageoires pectorales bleu turquoise.

Grondin lyre

Trigla lyra
Longueur moyenne : 35 cm
Particularités : corps brun rougeâtre. Présence de deux excroissances sur la lèvre supérieure et derrière les yeux.

Grondin gris

Eutrigla gurnardus
Longueur moyenne : 30 cm
Particularités : corps brun-gris. Tache foncée sur la première nageoire dorsale. Museau pointu.

La lompe

Lompe
Cyclopterus lumpus
Longueur moyenne : 40 cm

• Description
La lompe possède un corps massif et globuleux. La peau est dépourvue d'écailles mais ornée de tubercules osseux. La tête est surmontée d'une crête osseuse. Les nageoires pelviennes sont soudées et forment une ventouse puissante permettant la fixation sur les roches. La couleur varie du brun au gris foncé. Lors de la période de reproduction, le ventre des mâles se teinte en orangé et celui des femelles en bleu.

• Nutrition
La lompe se nourrit de petits crustacés, de méduses, de vers et parfois de petits poissons.

• Reproduction / Développement
La fécondation s'effectue durant la fin de l'hiver et le début du printemps. La femelle regroupe en tas les œufs fécondés et les fixe à des roches. Le mâle surveille et oxygène les œufs pendant plus d'un mois à l'aide de ses nageoires.

• Habitat
La lompe vit au milieu des roches, parfois parmi les algues. Elle est présente surtout dans les eaux froides de l'Atlantique, de la Manche et de la mer du Nord, entre 20 et 200 m de profondeur.

Le saviez-vous ?
Les œufs de lompe sont naturellement gris clair. Pour la consommation humaine, ils sont colorés en noir ou en rouge.

Le chabot

Chabot de mer

Taurulus bubalis

Longueur moyenne : 15 cm

Face ventrale du chabot de mer

• Description

Le chabot de mer possède une large tête osseuse avec des épines sur chaque joue. Le reste du corps est fin et allongé. La large bouche est dotée à sa base de barbillons. La nageoire dorsale porte des épines. Les nageoires pectorales sont très larges. La couleur du corps varie en fonction de l'environnement, elle est souvent rouge foncé avec des zones ocre.

• Nutrition

Le chabot de mer est un grand prédateur, il gobe ses proies et les avale vivantes. Celles-ci sont parfois plus grandes que lui. Il se nourrit de crevettes, de poissons (gobies) et de vers.

• Reproduction / Développement

La reproduction est externe, elle s'effectue au printemps près des côtes.

• Habitat

Le chabot de mer vit près des côtes de l'Atlantique, de la mer du Nord et de la Manche entre 0 et 30 m de profondeur. Il apprécie les milieux rocheux, les algues et le gravier.

Le saviez-vous ?

Les épines du chabot de mer ne sont pas venimeuses, contrairement à celles de certaines rascasses.

Le hareng, le sprat, la sardine, l'alose et l'anchois

Hareng de l'Atlantique

Clupea harengus harengus
Longueur moyenne : 28 cm
Particularités : dos bleu ou rose foncé. Côtés argentés. Pas de tache sur le corps. Ventre blanc. Corps fin.

• Description
Les clupéiformes ont un corps fusiforme muni d'écailles, allongé et aplati latéralement. La ligne latérale est inexistante. Il existe une nageoire dorsale plus ou moins centrée sur le dos du corps. La nageoire caudale est constituée de deux lobes égaux. Le dos de ces poissons est bleuté, le ventre et les côtés sont argentés. La tête est pointue. Les différences entre les espèces se manifestent au niveau de la taille du corps, de la grosseur et de la position des nageoires chez l'adulte.

• Nutrition
Ils se nourrissent essentiellement de plancton : larves de crustacés, de poissons. Les plus gros individus ingurgitent parfois de petits poissons. Ils arrêtent de s'alimenter avant la période de reproduction.

• Reproduction / Développement
La reproduction peut s'étaler toute l'année en fonction du lieu de vie. Plus généralement, elle a lieu au printemps près des côtes. Il existe deux exceptions : le hareng se reproduit au large et l'alose dans les estuaires et les rivières. La fécondation est externe, les œufs pondus se collent au gravier ou au sable. Plus l'espèce est grande, plus les femelles pondent d'œufs (environ 2 000 œufs pour le sprat et 300 000 pour l'alose).

• Habitat
Les clupéiformes vivent près des côtes de l'Atlantique, de la Manche et de la mer du Nord entre 5 et 200 m de profondeur en moyenne. La plupart des espèces migrent et vivent en bancs compacts et synchronisés, ce qui permet une meilleure nage et une protection contre les prédateurs.

• Technique de pêche
Ces poissons se pêchent à la ligne, au filet et au chalut.

Le saviez-vous ?

Un banc de harengs peut couvrir une superficie de plusieurs km² et se composer de plusieurs milliards d'individus.
La nacre contenue dans les écailles du hareng est utilisée dans la fabrication de produits cosmétiques (rouge à lèvres, fard à paupières, vernis à ongles).

Le hareng, le sprat, la sardine, l'alose et l'anchois

Sprat

Sprattus sprattus sprattus

Longueur moyenne : 12,5 cm

Particularités : la mâchoire inférieure dépasse de quelques millimètres la mâchoire supérieure. Dos bleu ou vert. Côtés jaune argenté. Ventre blanc.

Sardine d'Europe

Sardina pilchardus

Longueur moyenne : 20 cm

Particularités : corps arrondi sur les côtés. Dos bleu argenté. Côtés et ventre bleu clair et argentés. Écailles bien visibles.

Le hareng, le sprat, la sardine, l'alose et l'anchois

Grande alose

Alosa alosa

Longueur moyenne : 40 cm
Particularités : corps large. Dos bleu argenté. Dos bleu-vert argenté avec des reflets jaunes et des taches noires. Tête jaunâtre. Côtés et ventre blancs et argentés.

Anchois commun

Engraulis encrasicolus

Longueur moyenne : 12,5 cm
Particularités : corps fin. Tête pointue. Dos bleu-vert argenté. Côtés et ventre bleu clair et argentés.

Le saumon et la truite

Mâchoire inférieure courbée du saumon mâle

• Description
Le saumon de l'Atlantique et la truite de mer ont une morphologie comparable : un corps allongé de couleur argentée et une nageoire dorsale centrée sur le corps, avec une seconde nageoire dorsale souple et réduite. La bouche est allongée, avec de petites dents pointues bien visibles.

• Nutrition
Les jeunes saumons et truites se nourrissent de petits insectes et de larves d'insectes, les adultes de mollusques, de crustacés et de petits poissons.

• Reproduction / Développement
La reproduction se fait en eau douce (l'endroit de naissance des adultes), les adultes suivent une période de jeûne avant de se reproduire. La fécondation est externe. La femelle prépare un nid dans le gravier et y dépose ses ovules. Le mâle passe ensuite déposer ses spermatozoïdes.

• Habitat
Les adultes de ces deux espèces vivent en haute mer (Atlantique, mer du Nord et Manche). Les juvéniles (entre 0 et 3 ans selon l'espèce) vivent dans les rivières et les fleuves parmi le gravier.

• Technique de pêche
Le saumon de l'Atlantique et la truite de mer se pêchent au filet en mer et à la ligne en rivière. Ils font aussi l'objet d'élevages.

Le saviez-vous ?

Le saumon subit des modifications morphologiques lors de la période de reproduction : sa peau devient sombre et la mâchoire inférieure du mâle se transforme en crochet.

Le saumon et la truite

Saumon de l'Atlantique

Salmo salar

Longueur moyenne : 70 cm
Particularités : corps parsemé de taches noires. Tête pointue.

Truite de mer

Salmo trutta trutta

Longueur moyenne : 40 cm
Particularités : corps parsemé d'une très grande quantité de taches noires. Tête et corps arrondis. La base de la bouche s'étend au-delà de l'œil.

Le saint-pierre

Vue de face du saint-pierre

Saint-pierre
Zeus faber
Longueur moyenne : 50 cm

• Description
Le corps du saint-pierre est comprimé latéralement. La bouche est grande et protractile. La nageoire dorsale est formée de plusieurs rayons longs et fins. Une tache foncée orne le centre du corps de chaque côté. L'ensemble du corps varie du brun à l'ocre ou l'olive, avec parfois des zébrures.

• Nutrition
Le saint-pierre de nourrit essentiellement de petits poissons (sardines, lançons, gobies) et parfois de céphalopodes (calmars, seiches) ou de crustacés.

• Reproduction / Développement
La reproduction est externe et la ponte s'effectue en été.

• Habitat
Le saint-pierre vit le plus souvent entre 10 et 250 m de profondeur, parmi les algues ou au-dessus de fonds rocheux, vaseux ou sablonneux. Il est bien présent près des côtes de l'Atlantique, de la mer du Nord et de la Manche.

• Technique de pêche
Le saint-pierre se pêche au filet ou au chalut.

Le saviez-vous ?

La tache noire visible de chaque côté du corps serait due, d'après la légende, à l'empreinte laissée par les doigts de saint Pierre lorsqu'il voulut saisir une pièce d'or de la bouche du poisson.

Le sanglier de mer

Sanglier de mer

Capros aper

Longueur moyenne : 13 cm

• Description

Le sanglier de mer a un corps rond muni d'écailles et aplati sur les côtés. Il possède deux nageoires dorsales. La première est grande avec des rayons cartilagineux. La seconde nageoire dorsale, la nageoire anale et la caudale sont fines et translucides. Les yeux sont grands et la bouche est allongée et fine. Le corps porte une alternance de bandes blanches et orangées. Des individus sont parfois brun orangé sur le dos et blanc sur le ventre.

• Nutrition

Le sanglier de mer se nourrit de petits crustacés (amphipodes, crevettes) et de vers.

• Reproduction / Développement

La reproduction est externe et se produit durant l'été.

• Habitat

Il vit en bancs, entre 100 et 300 m de profondeur. Il est présent en Atlantique, en mer du Nord et dans la Manche. Durant la journée, il se cache parmi les rochers.

• Technique de pêche

Le sanglier se pêche au filet et au chalut.

Le saviez-vous ?

Le sanglier de mer tire son nom de la forme de sa bouche. Celle-ci ressemble à un groin de sanglier.

Le congre et l'anguille

Civelle ou pibale

• Description
Le congre et l'anguille européenne sont des poissons au corps fin et allongé. Leur peau est lisse et de couleur foncée. Les nageoires dorsale, caudale et anale fusionnent pour former un bandeau qui entoure le corps. Leur mâchoire est longue et munie de petites dents pointues.

• Nutrition
Le congre est un grand prédateur. Il se nourrit de crustacés (crabes, homards), de céphalopodes (pieuvres) et de poissons (lieux, maquereaux). L'anguille se nourrit de petits vers, de mollusques et de poissons.

• Reproduction / Développement
La reproduction des deux espèces est externe et s'effectue en mer. La reproduction et le développement des petits se font exclusivement en mer pour le congre. Les adultes anguilles partent pondre dans la mer des Sargasses (Atlantique Nord), ils perdent un tiers de leur poids. Les jeunes civelles (âgées de 1 à 3 ans) sont transportées par les courants vers les rivières et les estuaires européens. Elles y passent plusieurs années et, devenues adultes, elles rejoignent la mer.

• Habitat
Le congre adulte vit au large (jusqu'à 1 000 m de profondeur) alors que le jeune vit près des côtes. Tous deux se cachent le jour dans des fissures ou des grottes.
L'anguille européenne vit à l'état adulte en mer (jusqu'à 700 m de profondeur) ; les jeunes (les civelles) migrent ensuite vers les estuaires. L'anguille évolue sur la vase ou sous des pierres. Les deux espèces sont présentes en Atlantique, en mer du Nord et dans la Manche.

• Technique de pêche
Le congre se pêche au filet, au chalut, au casier, à la ligne ou à la palangre.
La pêche de la civelle est très réglementée et se fait grâce à des nasses. L'anguille se pêche au carrelet, à la ligne ou à l'épuisette à marée basse.

Le saviez-vous ?

Un congre ne se reproduit qu'une fois dans sa vie. La femelle pond plusieurs millions d'ovules à la fois.

Le congre et l'anguille

Congre

Conger conger

Longueur moyenne : 1,30 m
Particularités : corps gris ou noir foncé.

Anguille européenne

Anguilla anguilla

Longueur moyenne : 1 m
Particularités : corps brun sur le dos et blanchâtre sur les côtés et le ventre. Corps effilé.

L'hoplostète et le béryx

Hoplostète rouge ou empereur

Hoplostethus atlanticus
Longueur moyenne : 40 cm
Particularités : nageoire dorsale possédant 6 épines.

Béryx long

Beryx splendens
Longueur moyenne : 25 cm
Particularités : yeux gros et rouges. Nageoire caudale fine.

• Description
L'hoplostète rouge et le béryx long ont un corps de forme arrondie. Leurs yeux sont gros et leur bouche a une grande ouverture orientée vers le haut de la tête. La couleur est assez uniforme, allant de l'orange au rouge.

• Nutrition
Ces deux espèces se nourrissent de crustacés (crevettes), de poissons et de céphalopodes (calmars).

• Reproduction / Développement
La fécondation est externe. Les œufs dérivent dans l'eau. Les hoplostètes rouges matures se regroupent en bancs lors de la période de reproduction. Chez le béryx, les œufs contiennent une petite goutte d'huile orangée.

• Habitat
Ces espèces vivent dans les eaux profondes de l'Atlantique : entre 30 et 1 000 m pour le béryx long et entre 800 et 1 300 m, en moyenne, pour l'hoplostète rouge.

• Technique de pêche
Le béryx long et l'hoplostète rouge se pêchent au chalut.

Le saviez-vous ?
| *L'hoplostète rouge peut vivre plus de 140 ans.*

Le mulet

Mulet lippu ou mulet à grosses lèvres

Chelon labrosus

Longueur moyenne : 40 cm

Détail de la tête du mulet doré (Liza aurata)

• Description

Le mulet lippu a un corps cylindrique muni d'écailles. Sa tête est aplatie sur le dessus, les yeux sont petits. La lèvre supérieure est épaisse. Il possède deux nageoires dorsales, la première est traversée par des rayons de cartilage. Les écailles sont larges. Le dos est vert ou gris-bleu, les côtés sont argentés et le ventre est blanc.

Une autre espèce est présente sur les côtes françaises : le mulet doré *(Liza aurata)*, qui possède un opercule orné d'une tache jaune.

• Nutrition

Le mulet lippu fouille la vase ou le sable grâce à sa grosse lèvre. Il aspire ainsi en entier des vers, des algues, des petits crustacés et des petits mollusques.

• Reproduction / Développement

La fécondation est externe. Elle s'effectue en hiver au large des côtes. Les œufs dérivent dans l'eau.

• Habitat

Ce poisson vit près des côtes de l'Atlantique, de la mer du Nord et de la Manche. Il vit près des estuaires ou dans les ports, à faible profondeur. Il se regroupe en bancs. Il est très tolérant à la pollution de l'eau.

• Technique de pêche

Il se pêche à la ligne, au filet ou au chalut.

Le saviez-vous ?

Le mulet lippu a un système digestif particulier. Une partie de son estomac est globuleuse et fortement musclée, permettant la digestion d'aliments durs. Son intestin est six fois plus long que le corps, soit plus de 2 m de long.

Le poisson-lune

Poisson-lune

Mola mola

Longueur moyenne : 1,80 m

• Description

Le poisson-lune ne ressemble à aucun autre poisson. Son corps est aplati latéralement et il n'a ni queue ni nageoire caudale. Celle-ci est remplacée par un clavus (pseudo-queue). Les nageoires dorsale et anale sont longues et étroites. La peau est épaisse et couverte d'une grande quantité de mucus. Le poisson-lune est le poisson osseux le plus lourd (en moyenne 1 tonne). Comme toutes les espèces de la famille des tétraodontiformes, sa bouche se présente sous la forme d'un bec muni de quatre grandes dents. La couleur est sombre sur le dos (gris ou brun). Quelques taches plus claires parsèment la peau. Le ventre est gris clair.

• Nutrition

Le poisson-lune se nourrit le plus souvent de méduses. Il capture aussi des crustacés, des calmars, des petits poissons et du zooplancton.

• Reproduction / Développement

La fécondation est externe. La femelle produit plusieurs centaines de millions d'ovules. Les œufs dérivent dans l'eau. En raison de la présence de nombreuses épines sur le corps, les juvéniles ressemblent à un tétrodon.

• Habitat

Le poisson-lune est bien présent en Atlantique. On l'observe dans la Manche et en mer du Nord. Il vit entre 30 et 500 m de profondeur.

• Technique de pêche

Le poisson-lune se pêche accidentellement au filet et au chalut.

Le saviez-vous ?

Le poisson-lune s'approche parfois des côtes. Sa nage est bien reconnaissable : sa nageoire dorsale bat d'un côté et de l'autre en surface. Il expose l'un des côté de son corps au soleil.

Le baliste

Baliste gris
Balistes capriscus
Longueur moyenne : 40 cm

• Description
Le corps du baliste gris est comprimé latéralement. Les lèvres sont épaisses et entourent un bec muni de dents pointues. La peau est épaisse, gris foncé sur le dos et plus clair sur le ventre. Il possède deux nageoires dorsales et une anale. La nageoire caudale est large.

• Nutrition
Il se nourrit essentiellement de mollusques et de crustacés. Il s'alimente parfois de poissons et d'oursins.

• Reproduction / Développement
La fécondation est externe. La femelle creuse un nid où les œufs se développeront.

• Habitat
Le baliste gris vit entre 10 et 100 m de profondeur, sur des fonds rocheux. Il est de plus en plus présent près des côtes de l'Atlantique, de la mer du Nord et de la Manche.

• Technique de pêche
Le baliste gris se pêche au filet, à la ligne ou au chalut.

Le saviez-vous ?
La première nageoire dorsale du baliste gris est munie de trois épines. La première peut se bloquer en position dressée. Cela permet au poisson de se bloquer dans les fissures des roches ou d'empêcher ses prédateurs de l'avaler.

L'orphie

Orphie ou aiguillette

Belone belone

Longueur moyenne : 50 cm

œufs d'orphie

• Description

L'orphie a un corps long et effilé muni d'écailles. Elle possède un long bec garni de petites dents pointues. La mâchoire inférieure est plus longue que la mâchoire supérieure. La nageoire dorsale est située très en arrière. Le corps est argenté, avec une zone bleutée sur le dos. Le ventre est blanchâtre.

• Nutrition

L'orphie se nourrit de petits poissons (lançons, harengs), de larves et de crustacés.

• Reproduction / Développement

La fécondation est externe. Le mâle et la femelle engendrent plusieurs milliers d'œufs de grosse taille qui possèdent des filaments et se fixent sur les algues, les rochers ou sur des débris flottants.

• Habitat

L'orphie vit communément au large des côtes de l'Atlantique, de la Manche et de la mer du Nord. L'été, elle se rapproche des côtes.

• Technique de pêche

L'orphie se pêche à la ligne et parfois au filet.

Le saviez-vous ?

Les arrêtes de l'orphie sont de couleur bleu turquoise, même lorsqu'elles sont cuites.

La baudroie

Baudroie commune ou lotte

Lophius piscatorius

Longueur moyenne : 1,30 m

Détail de l'œil de la baudroie commune

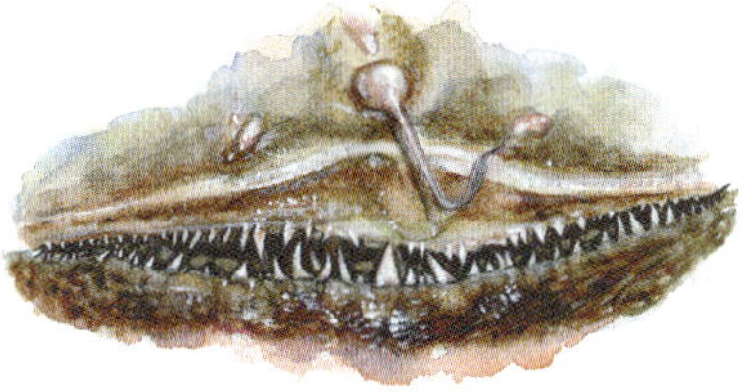

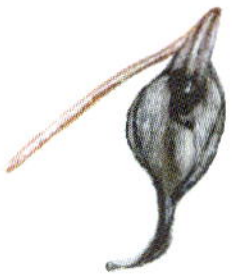

Détail de l'excroissance située sur la lèvre supérieure de la baudroie commune

Face ventrale de la baudroie commune

• Description

La baudroie ne ressemble à aucun autre poisson. Sa tête est massive et plate. Elle est traversée par une très large bouche ornée d'une rangée de dents pointues incurvées vers l'intérieur. La queue et les yeux sont réduits. Les nageoires pectorales sont larges. La peau est lâche et luisante, de couleur brune ou olive. Le ventre est blanc. Au sommet de la bouche, une excroissance de peau termine un pédoncule en forme d'appât qu'elle agite pour attirer ses proies.

• Nutrition

La baudroie se nourrit de poissons (poissons plats, merlans). Elle les attire grâce à son excroissance qui fait office de leurre.

• Reproduction / Développement

La fécondation est externe. La ponte s'effectue en été. Les millions d'œufs sont regroupés dans un long ruban fin qui flotte près de la surface de l'eau.

• Habitat

La baudroie vit entre 20 m et 600 m de profondeur le plus souvent, en Atlantique, en mer du Nord et dans la Manche. Elle privilégie les fonds meubles comme la vase ou le gravier.

• Technique de pêche

La baudroie se pêche au chalut ou au filet.

Le saviez-vous ?

Le ruban contenant les œufs de la baudroie mesure en moyenne 5 m de long et peut atteindre 9 m.

L'athérine

Athérine
ou petit prêtre

Atherina presbyter

Longueur moyenne : 15 cm

• Description

L'athérine est un petit poisson au corps allongé muni d'écailles. Une grande bouche qui s'ouvre vers le haut de la tête. L'ensemble du corps est argenté avec des reflets verts. Une large bande plus foncée traverse les côtés, le ventre est blanchâtre.

• Nutrition

L'athérine se nourrit de petits crustacés et de petits poissons.

• Reproduction / Développement

La fécondation est externe. L'athérine est ovipare, les femelles pondent leurs ovules parmi les graviers et les algues. La reproduction s'effectue au printemps et en été.

• Habitat

L'athérine vit près des côtes, le plus souvent dans les estuaires, au contact du sable, du gravier ou de la vase, et entre 0 et 20 m de profondeur en moyenne. En mer, elle vit en bancs de plusieurs centaines d'individus nageant près de la surface. On trouve cette espèce en Atlantique, en mer du Nord et dans la Manche.

• Technique de pêche

Elle se pêche à la ligne ou au filet.

Le saviez-vous ?

Avec le lançon, l'athérine est la nourriture favorite des bars.

L'épinoche

Épinoche de mer
Spinachia spinachia
Longueur moyenne : 15 cm

• Description
L'épinoche de mer a un corps allongé et fin. La tête est longue, avec des yeux assez gros. Le corps est très étroit à la base de la nageoire caudale. Les couleurs varient du brun au vert, et le ventre est souvent blanchâtre. On observe parfois des rayures plus foncées.

• Nutrition
L'épinoche de mer se nourrit de petits crustacés (crevettes), d'œufs de poissons et de vers.

• Reproduction / Développement
La fécondation est externe, tout comme l'espèce de rivière. Le mâle construit un nid qu'il surveille tout au long de l'éclosion des œufs. La femelle meurt peu de temps après la ponte.

• Habitat
Cette espèce vit le plus souvent entre 0 et 10 m de profondeur, près des côtes de l'Atlantique, de la Manche et de la mer du Nord. On le trouve parmi les algues ou les zostères près des estuaires.

• Technique de pêche
L'épinoche de mer se pêche à l'aide d'une épuisette.

Le saviez-vous ?

Les nageoires pectorales du mâle sont plus grandes que celles de la femelle. Celle-ci est souvent plus jaune que le mâle.

L'esturgeon

Vue du dessous de l'esturgeon d'Europe

Esturgeon d'Europe

Acipenser sturio

Longueur moyenne : 1,70 m

• Description

L'esturgeon d'Europe a un corps allongé qui se termine par un museau fin au bout arrondi. Sous la mâchoire inférieure, on observe quatre barbillons qui servent à détecter les proies. Le corps est traversé par cinq rangées de plaques osseuses, qui peuvent être de couleur blanchâtre. La peau n'est pas constituée d'écailles. La nageoire dorsale est située très en arrière. Le dos est gris uniforme et le ventre est blanc.

• Nutrition

En eau douce, l'esturgeon d'Europe se nourrit d'insectes et de vers. En eau saumâtre et en mer, il se nourrit essentiellement de vers, parfois de crustacés et de petits poissons.

• Reproduction / Développement

La reproduction se fait en eau douce durant le printemps (dans l'estuaire de la Gironde, en France). La fécondation est externe : la femelle dépose ses ovules, le mâle passe ensuite déposer ses spermatozoïdes. Les œufs fécondés sont gluants et restent fixés sur le gravier.

• Habitat

Les adultes vivent le long des côtes en Atlantique (golfe de Gascogne), dans la Manche et en mer du Nord. Les juvéniles (entre 0 et 2 ans) vivent dans les rivières et les fleuves (la Garonne, en France), parmi le gravier.

• Technique de pêche

En raison de sa pêche intensive, l'esturgeon d'Europe est devenu une espèce protégée. Depuis les années 90, plusieurs élevages ont vu le jour dans le Sud-Ouest dans le but de repeupler les fleuves et d'exploiter le précieux caviar.

Le saviez-vous ?

L'esturgeon d'Europe peut vivre au-delà de 80 ans.

Le lépadogaster

Ventouse du lépadogaster (vue ventrale)

Lépadogaster de Gouan

Lepadogaster lepadogaster

Longueur moyenne : 5 cm

• Description

Le lépadogaster a un corps aplati dorso-ventralement. Sa tête est large et triangulaire. La bouche est portée par un museau pointu. En avant de chaque narine, on observe des filaments. Les nageoires pelviennes fusionnent pour former une ventouse puissante. Le corps est ocre ou rouge, avec deux taches bleutées derrière les yeux.

• Nutrition

Le lépadogaster se nourrit de petits crustacés.

• Reproduction / Développement

La fécondation est externe. Le mâle surveille les œufs durant tout leur développement. Ceux-ci sont fixés sous des roches.

• Habitat

Le lépadosgaster vit près des côtes de l'Atlantique, de la Manche et de la mer du Nord entre 0 et 5 m de profondeur. Il vit parmi les rochers et les algues.

• Technique de pêche

Le lépadogaster se pêche à marée basse à l'aide d'une épuisette.

L'opah

Opah
ou saumon des Dieux

Lampris guttatus

Longueur moyenne : 1,50 m

• Description

L'opah est un poisson en forme de disque, son corps est comprimé latéralement. Ses nageoires sont effilées. La mâchoire ne possède pas de dents. Le dos est bleu argenté, le ventre est rose. L'ensemble du corps est parsemé de taches blanches. Les nageoires sont rouge orangé.

• Nutrition

L'opah se nourrit de céphalopodes (seiches, calmars), de poissons (maquereaux) et de crustacés (crevettes).

• Reproduction / Développement

Méconnue

• Habitat

L'opah vit entre 100 et 400 m de profondeur en Atlantique, en mer du Nord et dans la Manche.

• Technique de pêche

L'opah se pêche à la palangre, à la ligne et au chalut.

Le saviez-vous ?

L'opah vit souvent en compagnie des thons.

Les poissons à corps rigide

Détail de la tête de l'aiguille de mer

Détail de la queue de l'aiguille de mer

Détail de la tête du nérophis lombriciforme

Aiguille de mer

Syngnathus acus
Longueur moyenne : 35 cm
Particularités : long museau, corps hexagonal. Alternance de bandes marron olive et ocre. Présence d'une nageoire dorsale et d'une nageoire caudale.

• Description
Les syngnathiformes ont un corps rigide, souvent traversé par des plaques osseuses. Les nageoires sont en général très réduites. La couleur du corps varie et permet à l'individu de se fondre dans son environnement.

• Nutrition
Les espèces de ce groupe se nourrissent de petits animaux vivant dans le sable ou la vase (amphipodes, crabes, crevettes, vers). L'aiguille de mer se nourrit parfois de petits poissons et d'œufs de poissons.

Nérophis lombriciforme

Nerophis lumbriciformis
Longueur moyenne : 13 cm
Particularités : museau plus court que l'aiguille de mer et incurvé, corps cylindrique. Corps vert olive ou brun uniforme. Présence d'une nageoire dorsale, absence de nageoire caudale.

• Reproduction / Développement
La reproduction est très particulière chez ces poissons. Lorsque les œufs sont fécondés, le mâle les porte dans une petite poche située sur le ventre. Le mâle de la bécasse de mer ne possède pas de poche.

• Habitat
Ce sont des poissons littoraux, présents en Atlantique, en mer du Nord et dans la Manche, entre 0 et plusieurs dizaines de mètres de profondeur. Ils vivent parmi les algues, les zostères, sur le sable, le gravier ou la vase.

• Technique de pêche
Ces poissons se pêchent à l'épuisette à marée basse ou au chalut.

Hippocampe moucheté ou à museau long

Hippocampus guttulatus

Longueur moyenne : 11 cm
Particularités : long museau. Protubérances filamenteuses sur la tête et le dos. Présence d'une nageoire dorsale. Nombreuses plaques osseuses sur le corps. Couleurs variant du jaune-vert au brun orangé. Nombreuses taches blanches sur l'ensemble du corps.

Hippocampe à museau court

Hippocampus hippocampus

Longueur moyenne : 9 cm
Particularités : museau court. Présence d'une nageoire dorsale. Deux petites épines rondes au-dessus de chaque œil. Nombreuses plaques osseuses sur le corps. Couleur variant du noir-violet au brun-jaune.

Bécasse de mer

Macroramphosus scolopax

Longueur moyenne : 10 cm
Particularités : corps ovale, comprimé sur les côtés. Long museau. Longue épine sur la première nageoire dorsale. Dos orangé ou rose, ventre blanchâtre.

Le saviez-vous ?

Les juvéniles des bécasses de mer sont bleu argenté.

Poissons sans machoire

La lamproie marine

Lamproie marine

Petromyzon marinus

Longueur moyenne : 65 cm

Détail de la bouche de la lamproie

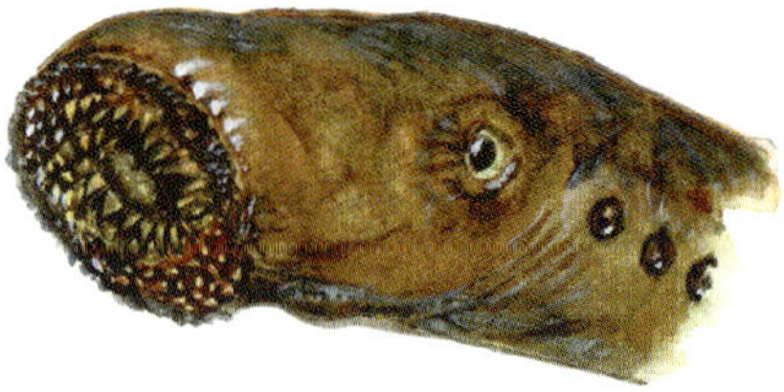

Détail de la tête de la lamproie

• Description

La lamproie est un poisson primitif, son squelette est cartilagineux et elle n'a pas d'écailles. On note la présence de deux nageoires dorsales en arrière du corps. Derrière les petits yeux, sept trous permettent de faire rentrer l'eau contenant l'oxygène pour la respiration. Le corps est anguilliforme, souvent marbré. Le dos est gris bleuté, les côtés rose-violet et le ventre blanc. La lamproie ne possède pas de mâchoire, la bouche est formée de onze à douze rangées concentriques de petites dents.

• Nutrition

Le régime alimentaire de la lamproie marine varie en fonction de son stade de développement. Les juvéniles se nourrissent de plancton. Les adultes sont des parasites de poissons. Grâce à sa bouche, elle aspire le sang et les fluides corporels de ses proies (truites, carpes, thons, maquereaux ou requins).

• Reproduction / Développement

La fécondation est externe. Les adultes remontent les rivières et les fleuves au printemps. Le mâle creuse un trou de 10 cm environ et lâche ses spermatozoïdes. La femelle y dépose ses ovules. Les adultes meurent peu de temps après la période de reproduction. Les juvéniles se développent dans de l'eau douce sous des graviers ou dans la vase.

• Habitat

Les lamproies marines adultes vivent près des côtes de l'Atlantique, de la mer du Nord et de la Manche. Elles rejoignent l'eau douce pour leur reproduction.

• Technique de pêche

La lamproie marine se pêche au filet.

Le saviez-vous ?

La lamproie possède dans sa bouche des glandes contenant un anticoagulant permettant d'aspirer en continu le sang de sa proie.

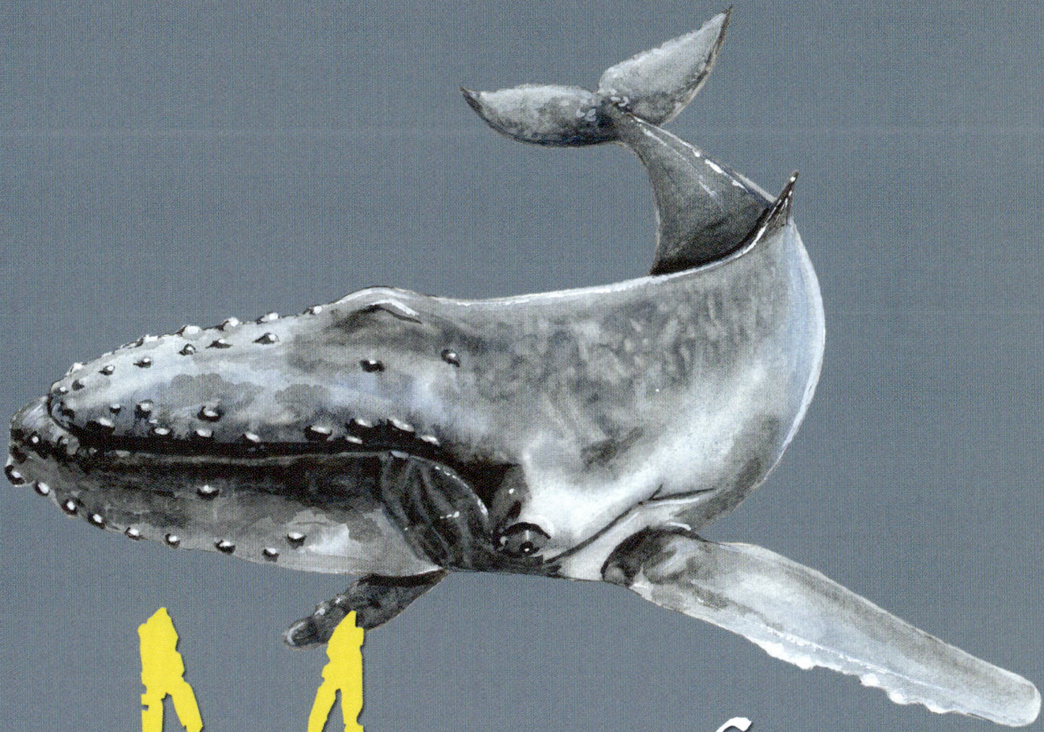

Mammifères marins

Les cétacés à dents

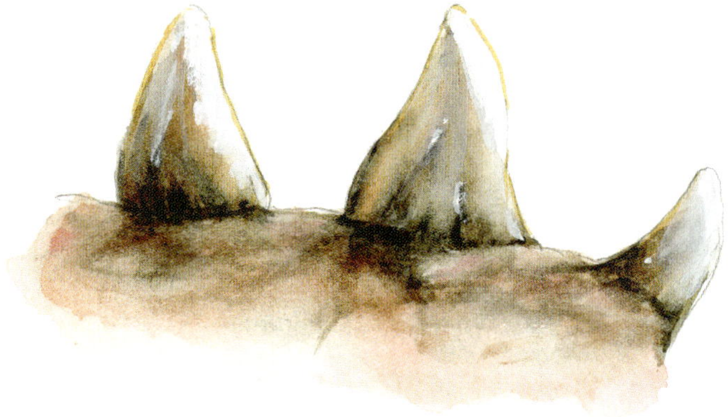

Détails des dents coniques des cétacés à dents

• Description
Les cétacés à dents (Odontocètes) représentent 90 % des cétacés. Ils sont plus petits que les cétacés à fanons (Mysticètes). Leur corps est longitudinal, la tête se termine par un rostre et un bec plus ou moins développés selon l'espèce. On note la présence d'une nageoire dorsale ou d'un aileron, de deux nageoires pectorales longues et larges et d'une nageoire caudale divisée en deux lobes. Ils possèdent sur la tête un seul évent. La peau est épaisse, lisse et luisante. Les couleurs varient selon l'espèce du blanc au noir en passant par le gris. La bouche est ornée de dents de taille et de forme quasi semblables. Leur nombre varie selon l'espèce.

• Nutrition
Les cétacés à dents sont des carnivores. Ils avalent en entier leur proie. Ils se nourrissent de poissons, de calmars et de crabes. Les oiseaux et les mammifères marins constituent le régime alimentaire des grands prédateurs tels que l'orque.

• Reproduction / Développement
La fécondation est interne, l'embryon se développe dans l'utérus de la femelle. L'accouplement et la mise bas se font en général dans des lieux bien établis. L'ensemble du cycle de vie s'effectue dans l'eau. Le mâle est souvent plus grand que la femelle. L'allaitement du petit dure en moyenne 12 mois.

• Habitat
Les cétacés à dents vivent près des côtes et au large de l'Atlantique, en mer du Nord et dans la Manche. Ils migrent peu et vivent en groupe de plusieurs individus.

• Technique de pêche
Les cétacés à dents étaient autrefois pêchés grâce à des harpons situés sur l'avant des bateaux de pêche. Ils sont maintenant pêchés accidentellement par des filets utilisés pour la pêche au thon.

• Particularités
Afin de localiser leurs proies et de se positionner dans leur environnement, les cétacés à dents ont comme outil l'écholocation. Des ultrasons sont émis par un ensemble de sacs d'air situés sous l'évent, les ondes rebondissent sur les obstacles et reviennent jusqu'à l'animal émetteur. Ce système fait office de sonar.
La plupart des espèces sont protégées car elles ont subi une chasse intensive par les hommes pour leur chair ainsi que pour la grande quantité d'huile présente sous leur peau.

Orque

Orcinus orca

Longueur moyenne : 8 m
Particularités : rostre et bec courts. Aileron dorsal triangulaire et très développé, surtout chez le mâle. Corps noir avec des taches blanches.

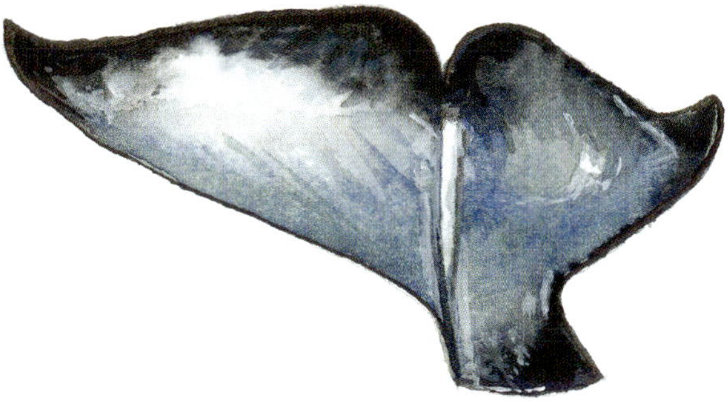

Détail de la nageoire caudale de l'orque

Détails de la tête et de l'aileron dorsal de l'orque

Marsouin commun

Phocoena phocoena

Longueur moyenne : 1,50 m
Particularités : rostre et bec courts. Aileron dorsal triangulaire et réduit. Dos et côtés gris foncé à noirs, ventre blanchâtre.

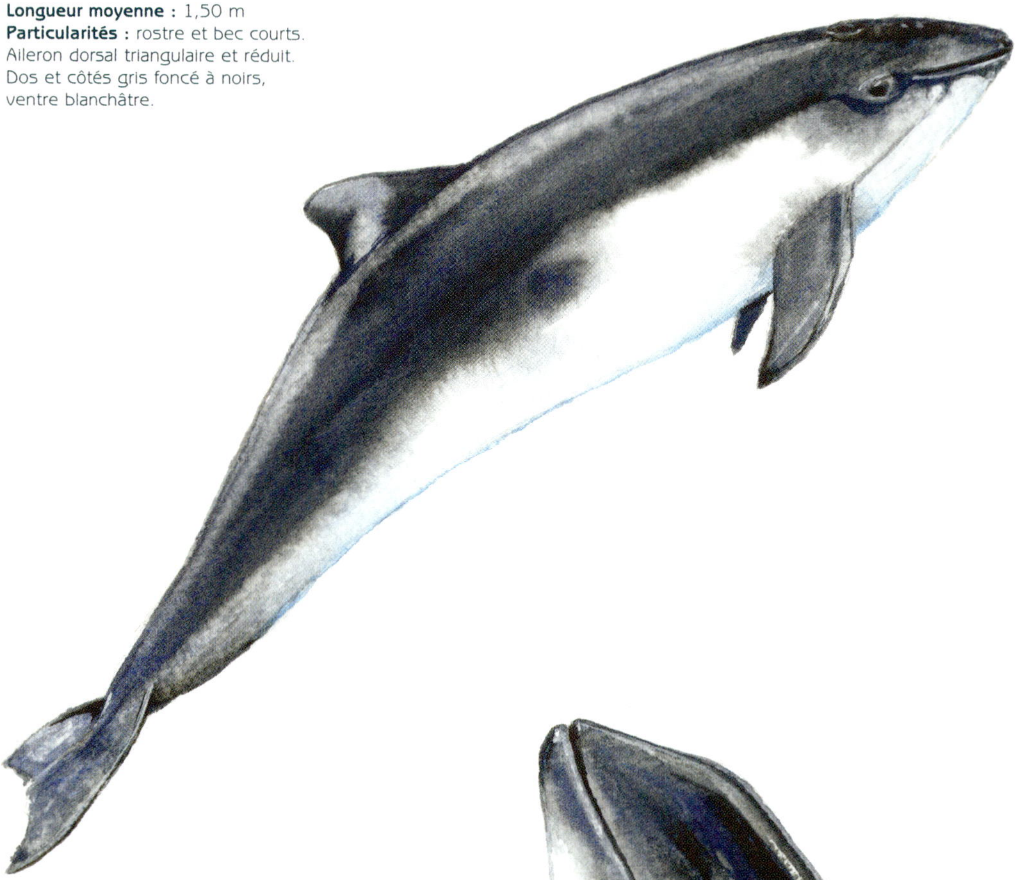

Détails de la tête et de l'aileron dorsal du marsouin commun

Globicéphale noir

Globicephala melas

Longueur moyenne : 4 m

Particularités : rostre court et bombé. Aileron dorsal triangulaire et développé. Ensemble du corps noir. Présence sous la bouche d'une zone grise.

Détails de la tête et de l'aileron dorsal du globicéphale noir

Grand dauphin

Tursiops truncatus

Longueur moyenne : 3 m
Particularités : rostre bien développé. Bec allongé. Grand aileron dorsal triangulaire. Ensemble du corps gris clair. Présence sous la bouche d'une zone blanchâtre.

Le saviez-vous ?

Le grand dauphin serait doté d'une intelligence semblable à celle d'un jeune enfant.

Détails de la tête et de l'aileron dorsal du grand dauphin

Cachalot

Physeter macrocephalus

Longueur moyenne : 14 m

Particularités : le plus grand des cétacés à dents. Rostre carré et imposant. Aileron dorsal très réduit. Ensemble du corps gris foncé à noir. Présence de nombreuses cicatrices claires sur le corps.

Le saviez-vous ?

Dans l'intestin du cachalot, se forme autour des restes solides des calmars (becs, « os ») une pellicule solide appelé ambre gris. Celui-ci est utilisé dans la fabrication des parfums.

Détail de la nageoire caudale du cachalot

Les cétacés à fanons

Vue latérale des évents de la baleine à bosse

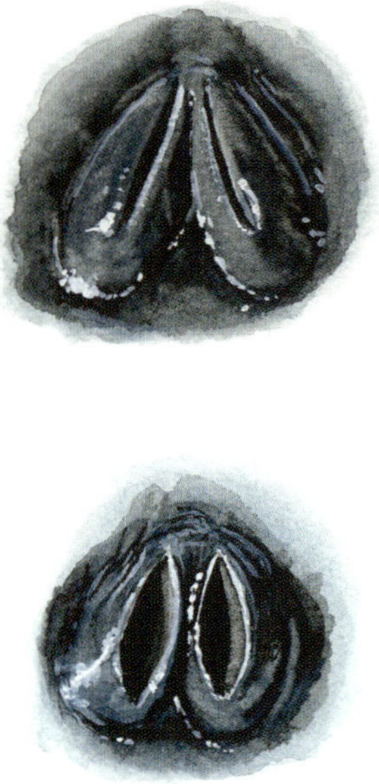

Détail des deux évents de la baleine à bosse (fermés et ouverts)

• Description

La baleine à bosse a un corps allongé, avec une tête massive constellée de nombreuses excroissances et de parasites (balanes). Elle possède de très petits yeux situés à la base de la bouche. Cette dernière est grande et ornée de fanons d'un mètre de long environ. La mâchoire inférieure est formée d'une poche de peau traversée par une vingtaine de cannelures. Sur le dessus de la tête, deux évents permettent l'expulsion de l'eau.
La nageoire dorsale est réduite et située en arrière du corps. À l'avant de celle-ci, on observe une bosse de graisse. Les nageoires pectorales sont longues (4 m de long en moyenne). La nageoire caudale est divisée en deux lobes égaux. La couleur varie du gris foncé au bleu. Le ventre est gris clair ou blanchâtre. Les taches claires sous la nageoire caudale permettent l'identification des individus.

• Nutrition

La baleine à bosse se nourrit de plancton, de krill et de poissons (maquereaux, harengs). Sa nourriture est aspirée avec une grande quantité d'eau et filtrée au travers des fanons. Les petites proies sont ainsi piégées dans les fanons. L'eau est ensuite expulsée par les évents.

• Reproduction / Développement

La fécondation est interne et se produit dans les eaux chaudes. L'embryon se développe dans l'utérus de la femelle et la gestation dure environ 11 mois. L'allaitement du petit dure en moyenne 9 mois.

• Habitat

Les baleines à bosse vivent dans les eaux tropicales et polaires. Elles sont présentes en Atlantique Nord lors de leur migration au printemps et à l'automne. Elles vivent en petits groupes.

• Technique de pêche

La baleine à bosse se pêchait autrefois à l'aide de harpons situés à l'avant des bateaux de pêche.

Le saviez-vous ?

La baleine à bosse reste peu de temps en apnée, environ 10 minutes.

Baleine à bosse

Megaptera novaeangliae

Longueur moyenne : 15 m

Détail de la nageoire caudale de la baleine à bosse

Détails des fanons de la baleine à bosse

Les phoques

Veau marin
ou phoque commun

Phoca vitulina

Longueur moyenne : 1,70 m

• Description

Le veau marin a un corps fusiforme. Sa tête est ronde avec un museau court orné de longues vibrisses (moustaches). Ses yeux sont grands et ronds. On observe derrière ces derniers des trous qui font office d'oreilles. L'ensemble de la peau est couvert de petits poils courts. Sous celle-ci, une couche épaisse de graisse protège l'animal du froid. Les membres antérieurs et postérieurs ont cinq doigts palmés qui se terminent par des griffes. Le dos est gris foncé avec de nombreuses taches noires. Le ventre est gris clair ou blanchâtre.

• Nutrition

Le veau marin se nourrit de crustacés (crabes, crevettes), de mollusques (bivalves), de calmars et de poissons (harengs, cabillauds). Il avale ses proies en entier.

• Reproduction / Développement

La fécondation est interne et se produit en mer. Un mâle peut féconder plusieurs femelles. La gestation dure en moyenne 10 mois. L'allaitement s'étale sur 5 semaines environ. Le veau marin se regroupe seulement pendant la période de reproduction.

• Habitat

Le veau marin est présent sur les côtes de l'Atlantique Nord, de la Manche et de la mer du Nord. Il privilégie les côtes rocheuses et les plages de sable. Il ne reste jamais très loin du bord de l'eau. Il sort de l'eau pour mettre bas, faire sa toilette, digérer et se protéger des grands prédateurs (orques).

• Technique de pêche

Le veau marin est pêché accidentellement par les filets.

Le saviez-vous ?

Le veau marin consomme en moyenne 6 kg de nourriture par jour.

Annexes

Glossaire

Amphipode : crustacé de quelques centimètres au maximum, pourvu d'un corps comprimé latéralement.

Benthique : se dit d'un organisme qui vit en contact avec le fond.

Bivalve : mollusque dont la coquille est constituées de deux parties appelées valves.

Carnivore : espèce dont le régime alimentaire est exclusivement constitué d'aliments d'origine animale.

Chalut : grand filet remorqué en forme de poche. Son ouverture est assurée horizontalement par deux panneaux écarteurs et verticalement par des chaînes dans la partie basse et des flotteurs dans la partie haute.

Copulation : synonyme de fécondation.

Évent : orifice situé sur le dos des cétacés, d'où est expulsée l'eau.

Fécondation externe : rencontre des ovules et des spermatozoïdes à l'extérieur du corps de la femelle.

Fécondation interne : rencontre des ovules et des spermatozoïdes à l'intérieur du corps de la femelle.

Fusiforme : qui a la forme d'un fuseau.

Filet : nappe de mailles plus ou moins grandes suivant les espèces recherchées. Sa longueur peut atteindre plusieurs kilomètres et sa hauteur plusieurs mètres.

Fond meuble : qualifie un fond constitué de matériaux souples comme le sable ou la vase.

Gastéropode : mollusque dont la coquille se compose d'un seul morceau et qui se déplace en rampant grâce à un pied musclé.

Ligne latérale : ligne visible sur les côtés des poissons. Elle permet de sentir les vibrations émises par les animaux environnants.

Opercule : organe servant à protéger les branchies des agressions extérieures.

Ovipare : espèce dont l'embryon finit sa croissance dans un œuf pondu par la femelle.

Ovovivipare : espèce dont les œufs incubent et éclosent dans le ventre de la femelle.

Ovule : cellule sexuelle de la femelle.

Palangre : ligne fixe avec plusieurs hameçons.

Paupière nictitante : paupière transparente mobile présente chez certains requins.

Pélagique : organisme qui vit dans la colonne d'eau. Il est parfois en contact avec le fond pour se nourrir. Ou plus généralement désigne tout ce qui se rapporte à la haute mer.

Plancton : ensemble des organismes qui vivent en suspension dans l'eau de mer et dont la taille est inférieure à 1 cm. Le zooplancton est le plancton animal et le phytoplancton le plancton végétal.

Prédateur : espèce qui chasse d'autres animaux comme des poissons, des crustacés, des mollusques.

Proie : espèce chassée par les prédateurs.

Protractile : se dit d'une bouche qui peut être étirée vers l'avant.

Rayon : fin cartilage tubulaire servant à rendre rigide les nageoires.

Saumâtre (eau) : eau composée d'un mélange d'eau de mer et d'eau douce. Caractéristique des lagunes et des estuaires.

Spermatozoïde : cellule sexuelle du mâle.

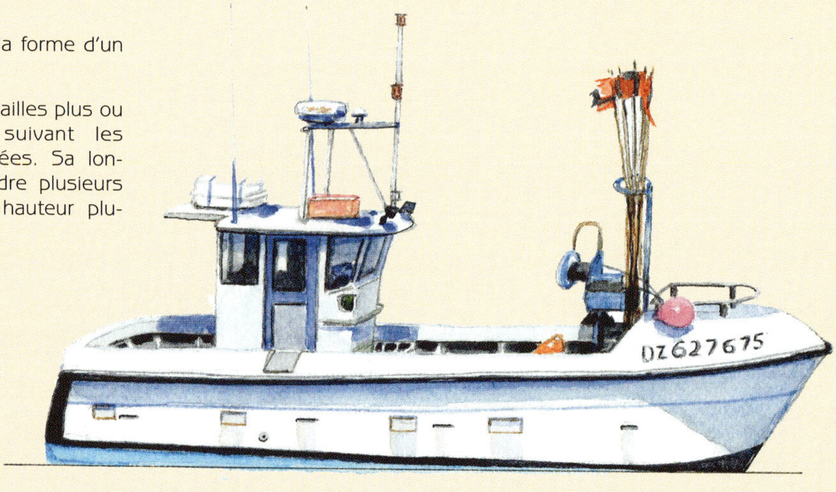

Index

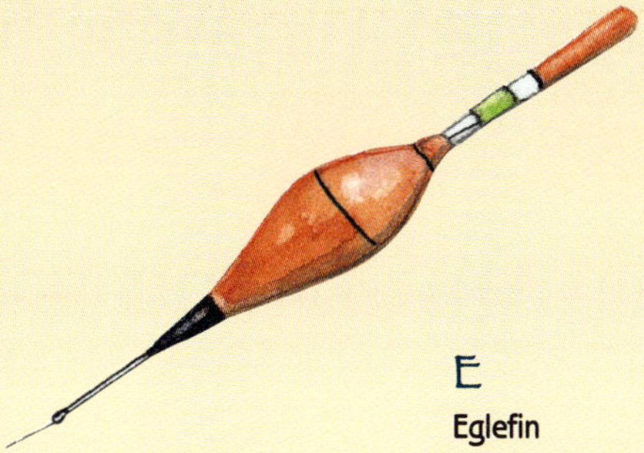

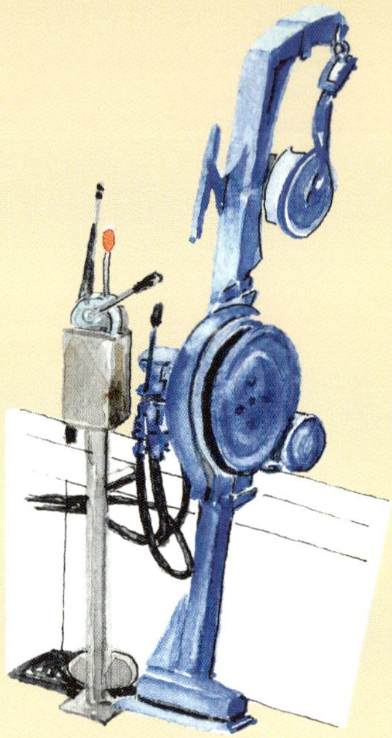

MX 612210

Table des Matières

Remerciements

Sophie Rozen-Faou et André Rozen tiennent à remercier toutes les personnes qui ont permis la réalisation de cet ouvrage et plus particulièrement :

l'équipage du chalutier "Inizan" (Michel et Claude) qui ont eu la gentillesse de nous embarquer à bord, permettant de compléter la collecte des poissons des côtes et de haute mer.

Monique et jean Philibert, Annie Rozen et Serge Faou.

Michel King sans qui cet ouvrage ne serait pas.

Sophie Picon pour sa sensibilité, sa disponibilité et ses conseils avisés.
Isabelle Garcia pour sa patience et son sens de l'organisation.
Bernadette Coléno pour la maquette.